"十三五"高等职业教育计算机类专业规划教材

网络操作系统管理与应用

（第四版）

丛佩丽　编著

Network Technology Series

网络技术系列

中国铁道出版社有限公司

CHINA RAILWAY PUBLISHING HOUSE CO., LTD.

内 容 简 介

本书以"构建网络服务器"为主线展开内容,采用"任务驱动,教学做一体化"的编写方式,共有 12 个单元(25 个任务),分别是 Windows Server 2016 网络操作系统、活动目录安装与管理、管理 Windows Server 2016 磁盘系统、管理 Windows Server 2016 文件系统、管理 Windows Server 2016 打印服务器、管理 Windows Server 2016 DHCP 服务器、管理 Windows Server 2016 DNS 服务器、管理 Windows Server 2016 Web 服务器、管理 Windows Server 2016 证书服务器、管理 Windows Server 2016 FTP 服务器、管理 Windows Server 2016 防火墙和组建局域网。每个单元中的任务均来自实际工作岗位,学生按照操作步骤可以实现所有任务。每个任务都有任务引入、任务要求、任务分析、相关知识和任务实施等几个环节。任务分析中准确地介绍了解决问题的思路和方法,以培养学生未来在工作岗位上的终身学习能力;相关知识讲解简明扼要、深入浅出,理论联系实际;任务实施介绍具体的操作步骤。

本书适合作为高等职业院校计算机类专业的教材,也可作为全国职业院校技能大赛计算机网络技术赛项和网络培训班的培训教材,还可作为网络管理员、系统集成人员、所有准备从事网络管理工作的网络爱好者的参考用书。

图书在版编目(CIP)数据

网络操作系统管理与应用/丛佩丽编著.—4 版.—北京:
中国铁道出版社有限公司,2021.1
"十三五"高等职业教育计算机类专业规划教材
ISBN 978-7-113-27412-2

Ⅰ.①网… Ⅱ.①丛… Ⅲ.①网络操作系统-高等职业
教育-教材 Ⅳ.①TP316.8

中国版本图书馆 CIP 数据核字(2020)第 228959 号

书　　名:网络操作系统管理与应用
作　　者:丛佩丽

策　　划:翟玉峰　　　　　　　　　　编辑部电话:(010)51873628
责任编辑:汪　敏　许　璐
封面设计:付　巍
封面制作:刘　颖
责任校对:张玉华
责任印制:樊启鹏

出版发行:中国铁道出版社有限公司(100054,北京市西城区右安门西街 8 号)
网　　址:http://www.tdpress.com/51eds/
印　　刷:三河市兴达印务有限公司
版　　次:2008 年 3 月第 1 版　2021 年 1 月第 4 版　2021 年 1 月第 1 次印刷
开　　本:787 mm×1 092 mm　1/16　印张:19　字数:462 千
书　　号:ISBN 978-7-113-27412-2
定　　价:49.80 元

第四版前言

本书自第一版、第二版、第三版出版以来，得到了广大读者的支持和厚爱。现在第三版的基础上，结合计算机网络行业技术发展和网络操作系统在工作岗位上的典型应用，对其进行了改编。

本版的优势主要有：

（1）紧跟行业技术发展，以"组建网络服务器"为主线展开项目设计，依据全国职业院校技能大赛的要求，根据课程内容特点采取任务驱动教学模式，确立职业岗位工作过程中的工作任务，将工作任务内容转化为学习领域课程内容，与企业合作，共同进行项目的开发和设计。

（2）本版采用"任务驱动，教学做一体化"的编写方式，每个任务都由任务引入、任务分析、相关知识和任务实施等环节构成，形成完整的工作过程；任务来自实际工作岗位；任务分析中准确地介绍了解决问题的思路和方法，培养学生未来在工作岗位上的终身学习能力；相关知识讲解简明扼要、深入浅出、理论联系实际；任务实施介绍具体的操作步骤，学生按照所介绍的操作步骤可以实现所有任务。通过"任务驱动"，在做中学、在学中做，以及边做边学，重点突出技能培养。

（3）本版着力于当前主流技术和新技术的讲解，以主流的网络操作系统 Windows Server 2016 为平台构建网络服务器，并增加了服务器安全内容，提高网络服务器自身防御能力，保障公司网络服务器安全，以加强网络服务器安全相关技能的训练。

全书共 12 个单元 25 个任务，主要包括 Windows Server 2016 网络操作系统、活动目录安装与管理、管理 Windows Server 2016 磁盘系统、管理 Windows Server 2016 文件系统、管理 Windows Server 2016 打印服务器、管理 Windows Server 2016 DHCP 服务器、管理 Windows Server 2016 DNS 服务器、管理 Windows Server 2016 Web 服务器、管理 Windows Server 2016 证书服务器、管理 Windows Server 2016 FTP 服务器、管理 Windows Server 2016 防火墙和组建局域网。

本书由辽宁机电职业技术学院丛佩丽编著。中瑞网络股份有限公司吴雷工程师在本书的编写过程中参与了任务设计，赵景晖、赵晓玲、王志红、阎坤、刘娜、杨德志、陈国才、卢晓丽、何芳对本书的内容安排提出了宝贵意见，在此表示诚挚的谢意。由于编者水平有限，书中难免存在疏漏和不足之处，恳请读者批评指正！

编者的电子邮件地址：congpeili@yeah.net。

编　者

2020 年 8 月

第一版前言

随着信息技术的飞速发展，计算机网络已经渗透到社会生活的各个领域，而计算机网络应用水平的高低也成为衡量一个国家或地区现代化水平高低的重要标志。构建网络，使用计算机网络进行信息管理，已经充分被人们所认识，被社会所承认。网络操作系统是构建计算机网络软件的核心与基础，深入学习和掌握一种网络操作系统，是计算机应用人员所必需的技能。

Microsoft 公司于 2003 年发布的 Windows Server 2003 网络操作系统是在 Windows 95/98/NT/2000 的基础上进行的大刀阔斧的改进，包括 Web 版本、Standard 版本、Enterprise 版本和 Datacenter 版本，其设计目的是为用户提供更实用更优良的网络操作环境、应用程序执行环境和通信与网络服务。

本书最大的特色是采用"问题驱动"的编写方式，引入案例分析方法；知识讲解简明扼要、深入浅出；服务器配置案例清晰详细、操作步骤具体。

本书以"网络服务管理与应用"为主线展开内容，目的性和针对性较强，融合了新技术、新成果，归纳和总结了编者多年的工作经验和管理技巧，全面而详细地介绍了中小型企业网络的管理与应用知识。

全书共 12 章，主要内容包括 Windows Server 2003 网络操作系统的性能特点、安装过程；域名系统 DNS 的工作原理、DNS 服务器配置与管理；活动目录的基本概念和基本原理、在 Windows Server 2003 网络操作系统中安装活动目录、域用户和组的建立与管理；文件系统中数据加密、压缩和共享的实现与管理；打印服务器的安装与管理；动态主机配置协议 DHCP 的作用和工作原理、在 Windows Server 2003 网络操作系统中安装 DHCP 及管理；万维网的工作原理、Web 站点的建立与管理；文件传输协议的工作原理、FTP 站点的建立与管理；邮件服务器的工作原理、在 Windows Server 2003 网络操作系统中安装邮件服务器、邮件服务器的建立与管理；网站规划设计实战。

本书适用于网络管理员和系统集成人员，以及所有准备从事网络管理工作的网络爱好者，并可作为高职院校计算机专业的教材，以及网络培训班的培训教材。

赵景晖、赵晓玲、王志红教授和刘娜、阎坤副教授，以及杨德志、何芳、陈国才、王露和卢晓丽老师对本书的内容安排提出了宝贵的意见，在此表示诚挚的谢意。由于编者水平有限，在本书的选材和内容安排上如有不妥之处，恳请读者批评指正！

编者的电子邮件地址：congpeili@yeah.net。

编　者

2008 年 6 月

目 录

单元 1 ‖ Windows Server 2016 网络操作系统

本单元设置 1 个任务，该任务详细介绍了 Windows Server 2016 网络操作系统安装的完整过程，并实现用户登录、注销、关机、设置服务器基本信息等操作。

任务 1 安装 Windows Server 2016 网络操作系统

学习目标

- 了解网络操作系统的类型。
- 了解 Windows Server 2016 网络操作系统的优点。
- 掌握安装 Windows Server 2016 操作系统的方法。
- 能够安装 Windows Server 2016 操作系统。
- 能够进行登录、注销和关机等基本操作。
- 能够进行服务器的基本设置。

任务引入

某公司因业务需要，要架设公司网络服务器。公司网络管理员为了保证服务器的稳定性和安全性要求，决定为服务器安装 Windows Server 2016 操作系统。

任务要求

（1）准备需要的安装文件。
（2）选择操作系统类型。
（3）规划硬盘分区。
（4）进行安装。
（5）登录测试。
（6）系统的注销与关机。
（7）系统基本操作。

任务分析

Windows Server 2016 的安装比较简单，需要设置的内容不多，只需选择要安装的操作系统类型和规划分区即可，安装完成后进行登录测试，并能进行注销和关机等操作，最后完成修改主机名、设置 IP 地址、设置个人桌面等基本操作。

相关知识

对于企业而言，搭建网络本身不是目的，利用网络提高企业生产效率、提升公司管理水平、缩短新产品研发周期、迅速了解用户需求、及时与合作单位沟通，从而创造更多的经济效益，使企业得到长足发展，这才是搭建网络的最终目标。要实现上述目标，必须借助网络操作系统平台。

1．计算机操作系统的分类

网络操作系统经过 20 世纪七八十年代的大发展，到 20 世纪 90 年代已经趋于成熟。目前，局域网中典型的操作系统主要有 Windows、NetWare、UNIX、Linux。

1）Windows

微软公司的 Windows 系统在个人操作系统中占有绝对优势，在网络操作系统中也具有非常强劲的力量。与其他操作系统相比，其市场占有率在 96.63% 以上。Windows 是一个多任务的操作环境，下面介绍 Windows 系列操作系统的发展与演变。

（1）Windows 3.x。1990 年 5 月，微软推出 Windows 3.0 并一炮而红。这个"千呼万唤始出来"的操作系统一经面世便在商业上取得了巨大成功。在不到 6 周的时间里，Microsoft 公司销售出 50 万份 Windows 3.0 操作系统安装软件，打破了软件产品的 6 周销售最高纪录，一举奠定了 Microsoft 在操作系统上的统治地位。1994 年，Windows 3.2 发布，Windows 操作系统第一次有了中文版，这个版本的操作系统在我国得到了较为广泛的应用。Windows 3.2 在 3.0 版本的基础上做了一些改进，引入 TrueType 字体技术并改进了性能；另外，还引入了一种新设计的文件管理程序，从而改进了系统的可靠性；更重要的是支持对象链接与嵌入技术（OLE）和多媒体技术。

（2）Windows 95。Microsoft 于 1995 年 8 月 24 日推出新一代操作系统 Windows 95，它可以独立运行而无须 DOS 支持。Windows 95 在操作系统发展史上有着非常重要的意义，它的发布成为世界计算机界的一个转折点。

（3）Windows NT 3.1。Windows NT 3.1 摆脱了 DOS 的束缚，并具有很强的联网功能，是一种真正的 32 位操作系统。然而，Windows NT 3.1 对系统资源要求过高，并且网络功能明显不足，这些因素限制了它的应用范围。

（4）Windows NT 3.5。针对 Windows NT 3.1 的缺点，Microsoft 公司又推出了 Windows NT 3.5，它不但降低了对微型计算机配置的要求，而且在网络性能、网络安全性与网络管理等方面都有了很大的提高，受到了网络用户的欢迎。至此，Windows NT 成为 Microsoft 公司最具有代表性的网络操作系统。

（5）Windows NT Server 4.0。Windows NT Server 4.0 是整个 Windows 网络操作系统中最为成功的系统之一，目前还有很多中小型局域网把它作为标准网络操作系统。

（6）Windows 98。Windows 98 于 1998 年 6 月 25 日发布，是 Windows 系统开发的里程碑。它在 Windows 95 的基础上改良了对硬件标准的支持，加入了对 FAT32 文件系统、多显示器、Web TV 的支持，并整合了 Windows 图形用户界面的 Internet Explorer。Windows 98 SE（第二版）

于 1999 年 6 月 10 日发行，它对第一版进行了一系列的改进，加入了 Internet Explorer 5、Windows NetMeeting 等。

　　Windows 98 算得上是一个比较成功的产品，还有人仍在使用，即使相对于现在的 Windows 版本，其启动速度快、资源占用低的特性也一直是它的优势所在。

　　（7）Windows Me。2000 年 9 月 14 日，Windows Me 发布，该系统集成了 Internet Explorer 5.5 和 Windows Media Player 7，并增加了系统还原功能。对于家庭用户来说，Windows Me 是一个绝佳的版本，因为它充分体现了"使家庭用户计算机操作更加简便"这一总方针。虽然说 Windows Me 只是 Windows 98 的第三版，但它拥有更多适合家庭用户的特色功能，比如它具有系统文件保护和自动恢复功能；可以更加顺畅地安装 USB 键盘、鼠标、集线器（Hub）；可以用来录制、编辑、发布、管理音频和视频内容；有新型的 TCP/IP 堆栈架构；不包括 16 位的 DOS 实模式；还对自动在线升级、自动检测游戏控制器、自动清除垃圾文件等细小性能进行了升级。

　　（8）Windows 2000。Windows 2000 是在 Windows NT Server 4.0 的基础上开发而来的。Windows 2000 是服务器端的多用途网络操作系统，可为部门级工作组和中小型企业用户提供文件打印、应用软件、Web 服务及其他通信服务，具有功能强大、配置容易、集中管理、安全性能高等特点。

　　Windows 2000 家族包括 4 个成员，分别是 Windows 2000 Professional、Windows 2000 Server、Windows 2000 Advanced Server、Windows 2000 DataCenter Server。其中，Windows 2000 Professional 是运行在客户端的操作系统，Windows 2000 Server、Windows 2000 Advanced Server 与 Windows 2000 DataCenter Server 都是运行在服务器端的操作系统，只是它们所能实现的网络功能和服务不同。

　　（9）Windows XP。2001 年 10 月 25 日，Windows XP 正式发布。Windows XP 是基于 Windows 2000 代码的产品，同时拥有一个新的用户图形界面（其名称为月神 Luna），它包括了一些细微的修改。该系统集成了防火墙、媒体播放器（Windows Media Player）和即时通信软件（Windows Messenger），与 Microsoft Passport 网络服务紧密结合。

　　（10）Windows Server 2003。2003 年 4 月，Windows Server 2003 正式发布，它是 Windows 2000 Server 的升级版本。Windows Server 2003 是微软新一代的服务器端操作系统，相比之前的任何一个版本，其功能更多、速度更快、更安全、更稳定。大中小型企业都能在 Windows Server 2003 中找到适合的组件。Windows Server 2003 在网络、管理、安全、性能等方面的改进让以前对 Windows 持有偏见的人们刮目相看。

　　（11）Windows Vista。2006 年 11 月，Windows Vista 发布，该版本主要针对商业用户上市。Windows Vista 使用了 Windows Server 2003（SP1）的底层核心编码，但是它仍然保留了 Windows XP 整体优良的特性并进行了进一步的完善，因此也有人将 Windows Vista 称为 Windows XP 和 Windows Server 2003 的优秀结合体。除了一些常用的操作及功能特性外，微软公司平台部门的全球副总裁表示，Windows Vista 在安全性、可靠性及互动体验这三方面的功能更加突出和完善。

　　首先，面对现在日益严重的网络、系统安全问题，Windows Vista 操作系统做好了进一步的保护准备，由于 Windows Vista 是基于 Windows Server 2003（SP1）的底层核心编码并融合 Windows XP 整体优良特性的一款综合性操作系统，所以在安全机制上同样也拥有两项系统的优点，并增加了很多底层的安全功能。在 Windows Vista 中，系统会提示用户采取安全和保护隐私的措施，让用户得到较完善的安全保护，这样可以有效地防止用户的个人信息泄露并远离日益猖獗的病毒的侵害。

其次，在可靠性上，虽然现在 Windows XP 特别是 SP2 版的推出已经整体上比以前发布的任何版本都要稳定、可靠，但还是有漏洞出现。而装有 Windows Vista 操作系统的计算机在这方面得到了进一步的提升和完善。另外，该系统兼容性也非常出色，不仅能使商业用户得到最大利益，个人用户也会在整体性能上有较大提高。同时，针对现在 32 位和 64 位平台并存于市场的局面，微软也考虑推出基于这两种平台的 Windows Vista 操作系统。

最后，在体验性方面，现在是个性化的时代，每个人对于系统功能性的要求都有所不同。就整体而言，特别是家庭、个人用户，对能够带来很好的通信、娱乐、多媒体操作等个人体验的系统极为偏好。微软也早已了解目前用户对于系统整体的功能性、操作性的取向，力求 Windows Vista 操作系统成为一个能够为通信、娱乐、多媒体等提供多向支持的良好平台，同时通过对即时开机、动态搜索、自动化的网络和设备连接等功能的优化，使 Windows Vista 比 Windows XP 更易于使用和操作。

虽然 Windows 家族的产品是使用最广泛的操作系统，但由于它对服务器的硬件要求较高，且稳定性不是很好等缺点，一般多用在中、低档服务器中。

（12）Windows Server 2008。Windows Server 2008 继承自 Windows Server 2003。Windows Server 2008 是一套等同于 Windows Vista（代号为 Longhorn）的服务器系统，两者拥有很多相同的功能；Windows Vista 及 Windows Server 2008 与 Windows XP 及 Windows Server 2003 之间存在相似的关系。

Windows Server 2008 代表了下一代 Windows Server。使用 Windows Server 2008，IT 专业人员对其服务器和网络基础结构的控制能力更强，从而可重点关注关键业务需求。Windows Server 2008 通过加强操作系统性能和保护网络环境提高了安全性，通过加快 IT 系统的部署与维护，使服务器和应用程序的合并与虚拟化更加简单。此外，它还提供直观的管理工具，使 IT 专业人员操作起来更加灵活。Windows Server 2008 为任何组织的服务器和网络基础结构奠定了较好的基础。

Windows Server 2008 在虚拟化工作负载、支持应用程序和保护网络方面向组织提供高效的平台。它为开发、承载 Web 应用程序和服务提供了一个安全、易于管理的平台。从工作组到数据中心，Windows Server 2008 都提供了令人兴奋且很有价值的新功能，对基本操作系统做出了重大改进。

Windows Server 2008 完全基于 64 位技术，在性能和管理等方面，系统的整体优势相当明显。在此之前，企业对信息化越来越重视，服务器整合的压力也越来越大，因此，应用虚拟化技术已经成为大势所趋。经过测试，Windows Server 2008 是完全基于 64 位的虚拟化技术，为未来服务器整合提供了良好的参考技术手段。Windows 服务器虚拟化（Hyper-V）能够使组织最大限度地实现硬件的利用率，合并工作量，节约管理成本，从而对服务器进行合并，并由此减少服务器所有权的成本。Windows Server 2008 在虚拟化应用的性能方面完全可以和其他主流虚拟化系统相媲美甚至超越；而在成本和性价比方面，Windows Server 2008 更是具有压倒性的优势。

Windows Server 2008 有 5 种不同版本，分别是 Windows Server 2008 Standard、Windows

Server 2008 Enterprise、Windows Server 2008 Datacenter、Windows Web Server 2008 和 Windows Server 2008 for Itanium-Based Systems。

（13）Windows 7。Windows 7 是具有革命性变化的操作系统。该系统旨在让人们的计算机操作更加简单和快捷，为人们提供高效易行的工作环境。Windows 7 可供家庭及商业工作环境、笔记本式计算机、平板电脑、多媒体中心等使用。微软 2009 年 10 月 22 日于美国、2009 年 10 月 23 日于中国正式发布 Windows 7，2011 年 2 月 22 日发布 Windows 7 SP1。Windows 7 做了许多方便用户的设计，如快速最大化，窗口半屏显示，跳转列表（Jump List），系统故障快速修复等，这些新功能令 Windows 7 成为最易用的 Windows 操作系统。

Windows 7 的主要特性有：

① 快速：Windows 7 大幅缩减了 Windows 的启动时间，据实测，在 2008 年的中低端配置下运行，系统加载时间一般不超过 20 秒，这比 Windows Vista 的 40 余秒相比，是一个很大的进步。

② 简单：Windows 7 让搜索和使用信息更加简单，包括本地、网络和互联网搜索功能，直观的用户体验将更加高级，还会整合自动化应用程序提交和交叉程序数据透明性。

③ 安全：Windows 7 包括了改进了的安全和功能合法性，还会把数据保护和管理扩展到外围设备。Windows 7 改进了基于角色的计算方案和用户账户管理,在数据保护和坚固协作的固有冲突之间搭建沟通桥梁，同时也会开启企业级的数据保护和权限许可。

④ Aero 特效：Windows 7 的 Aero 效果更华丽，有碰撞效果、水滴效果，还有丰富的桌面小工具。这些都比 Vista 增色不少。

⑤ 小工具：Windows 7 的小工具更加丰富，并没有了像 Windows Vista 的侧边栏，这样，小工具可以放在桌面的任何位置，而不只是固定在侧边栏。

⑥ 编辑本段设计变革：Windows 7 的设计主要围绕 5 个重点——针对笔记本式计算机的特有设计；基于应用服务的设计；用户的个性化；视听娱乐的优化；用户易用性的新引擎。Windows 7 使用与 Vista 相同的驱动模型，即基本不会出现类似 XP 至 Vista 的兼容问题。

⑦ Virtual PC：微软新一代的虚拟技术——Windows Virtual PC，程序中自带一份 Windows XP 的合法授权，只要系统是 Windows 7 专业版或是 Windows 7 旗舰版，内存在 2 GB 以上，就可以在虚拟机中自由运行只适合于 XP 的应用程序，并且即使虚拟系统崩溃，处理起来也很方便。

⑧ 更人性化的 UAC（用户账户控制）：在 Windows 7 中，UAC 控制级增到了 4 个，通过这样来控制 UAC 的严格程度，令 UAC 安全又不烦琐。Windows 7 原本包括了触摸功能，但这取决于硬件生产商是否推出触摸产品。系统支持 10 点触控，Windows 不再是只能通过键盘和鼠标才能接触的操作系统了。

（14）Windows 8。Windows 8 于北京时间 2012 年 10 月 26 日正式推出。Windows 8 的界面变化极大：系统界面上，Windows 8 采用 Modern UI 界面，各种程序以磁贴的样式呈现；操作上，大幅改变以往的操作逻辑，提供屏幕触控支持；硬件兼容上，Windows 8 支持来自 Intel、AMD 和 ARM 的芯片架构，可应用于台式机、笔记本式计算机、平板电脑上。

① 支持 ARM 架构：Windows 8 支持 ARM 架构,微软在 ARM 方面的合作伙伴还有 NVIDIA、高通得州仪器和 TI 等。

② 全新的沉浸式 Metro 用户界面：开始屏幕（Start Screen）。Windows 8 最直观最重大的

变化是全新的"开始"屏幕，它大大优化了用户的平板机体验。这个界面非常类似 Windows Phone 的界面，各类应用都以 Title 贴片的形式出现，方便触摸操作。而且，各个应用的贴片都是活动的，能提供即时消息，比如天气。

③ IE10：Windows 8 问世时 IE 也发布了一个全新的版本——IE10。IE10 是微软全新"沉浸式"（immersive）重中之重，为 Windows 8"开始"屏幕提供 HTML5 网络应用的显示与交互。IE10 支持更多 Web 标准，完全针对触摸操作进行优化，并且支持硬件加速，首个 IE10 平台预览版于 2011 年 4 月发布。

④ 全新的"开始"按钮和"开始"菜单：新的按钮看起来更加二维化，也非常简朴，整个 Windows 按钮都融入了任务栏中，极具 Metro 风格。它仍然是采用图标和文字并存的说明方式，只是仅有 4 个选项：设置、设备、分享、搜索。

⑤ Windows 资源管理器：Windows 8 资源管理器采用 Ribbon 界面，保留了之前的资源管理器的功能和丰富性，将最常用的命令放到资源管理器用户界面最突出的位置，让用户更轻松地找到并使用这些功能，例如，资源管理器 Home 主菜单中提供了核心的文件管理功能，包括复制、粘贴、删除、恢复、剪切、属性等。

⑥ 集成虚拟光驱/硬盘：Windows 8 资源管理器支持用户直接加载 ISO 和 VHD（Virtual Hard Disk）文件，用户只需选中一个 ISO 文件并单击"Mount（装载）"按钮，Windows 8 就会即时创建一个虚拟驱动器并加载 ISO 镜像，给予用户访问其中文件的权限。当访问完毕单击"Eject（弹出）"后，虚拟驱动器也会自动消失。

⑦ 支持 USB 3.0：Windows 8 支持 USB 3.0 标准，采用 USB 3.0 后的数据传输速率理论可达 5 Gbit/s，将比 USB 2.0 端口（480 Mbit/s）快 10 倍。根据微软的演示，2 GB 视频文件和 1 GB 照片的复制任务 Windows 8 可以在数秒内完成。

（15）Windows Server 2012。2012 年 4 月 18 日，微软在微软管理峰会上公布了 Windows Server 2012。Windows Server 2012 取代了之前用的 Windows Server 2008，这是一套基于 Windows 8 开发出来的服务器版系统，同样引入了 Metro 界面，增强了存储、网络、虚拟化、云等技术的易用性，让管理员更容易地控制服务器。

Windows Server 2012 网络操作系统主要有如下特性。

① 数据中心操作系统。面对企业希望统筹管理多个数据中心的计算资源的需求，Windows Server 2012 通过全面的 PowerShell 命令可帮助 IT 部门对更为广泛的管理任务实现自动化，并与 System Center 2012 集成实现服务流程化，从而提高数据中心的运行效率。同时，Windows Server 2012 整合了全新的文件服务器和存储空间功能，因此能够为业务的连续可用性提供全面支持，并显著降低成本。

② 业务关键应用与云计算。Windows Server 2012 拥有强劲性能的虚拟化核心，让需要庞大运算能力的企业关键应用（ERP 和数据库系统等）也可以实现由物理服务器向虚拟机的迁移。基于 Windows Server 2012 平台的新型 SQL 数据库云服务，将为企业带来更高水平的应用能力，结合云端商业智能与大数据等技术，可充分利用云计算所带来的优势，支持业务的高速发展，培养迈向未来的竞争力。

③ 服务器虚拟化。Windows Server 2012 中的 Hyper-V 能用前所未有的简单方式通过虚拟化

为组织节约成本，并通过将多个服务器角色作为独立的虚拟机进行整合，优化服务器硬件投资。Windows Server 2012 通过更多的功能、更高的扩展性，以及更进一步的内置可靠性机制，进一步扩展了 Hyper-V 的价值。

④ 网络。Windows Server 2012 提供了一系列新的和改进的功能，有助于降低网络复杂度，同时提供更高效、成本更低廉的网络管理机制。

⑤ 远程访问。Windows Server 2012 提供了多种方法为用户提供更高效、更安全的远程访问，可用于访问应用程序、数据，甚至整个桌面环境，完全满足用户与组织的具体需求。

⑥ 身份与安全性。Windows Server 2012 使得管理员能用更容易的方法配置、管理并监控用户、资源以及设备，确保获得所需的安全性与访问功能。

⑦ 存储与可用性。Windows Server 2012 可以帮助用户在按需提供需求，以及应对运维负担之间取得平衡，并能控制整体开销。通过多项新功能，该产品可帮助用户在存储成本与容量之间进行权衡。

⑧ 服务器管理。Windows Server 2012 提供了出色的总体拥有成本，并且作为一套集成式平台，能够提供全面的多服务器管理能力。Windows Server 2012 通过服务器管理工具、Windows PowerShell 3.0 以及 IP 地址管理（IPAM）改善了多服务器环境的管理工作。

⑨ Web 与应用平台。Windows Server 2012 提供了出色的灵活性，可用于托管基于 Web 的应用，无论应用位于内部或云端，都能为企业与托管供应商提供一套高级服务器平台，能够提供灵活、可扩展，并且具备适应能力的环境，可创建并管理私有云并运行重要应用。

（16）Windows 10。Windows 10 是新一代跨平台及设备应用的操作系统，覆盖全平台，可以运行在手机、平板电脑、台式机以及 Xbox One 等设备中，拥有相同的操作界面和同一个应用商店，能够跨设备进行搜索、购买和升级。Windows 10 可能是微软发布的最后一个 Windows 版本，下一代 Windows 将作为 Update 形式出现。Windows 10 将发行 7 个版本，分别面向不同用户和设备。2015 年 7 月 29 日 12 点起，Windows 10 推送全面开启，Windows 7、Windows 8.1 用户可以升级到 Windows 10，用户也可以通过系统升级等方式升级到 Windows 10，零售版于 2015 年 8 月 30 日开售。

Windows 10 的主要特性有：

① 拨动、滑动及缩放功能：在 Windows 10 系统中拥有完整触控功能，可以尽情发挥计算机的潜力，自然、直接的受控操作方式让用户尽享快意流畅的运作步调。

② 网络世界无所不在：在 Windows 10 系统中的 Internet Explorer 11 能让用户在大大小小的装置荧幕上尽享引人入胜的网络体验。

③ 与云端保持连线：专属的 Windows 随处可得，用户设定一次后，个人化设定和应用程序将随时可用；与亲友的畅快沟通能力，使用户的应用程序用起来更顺手，可以在邮件、信息中心联络人等应用程序中掌握来自各种联络渠道的资讯，包括 Hotmail、Messenger、Facebook、Twitter、Linkedin 和更多其他服务；轻松存取档案，用户可能拥有多部计算机和电话，可以通过这些装置连线到 Skydrive、Facebook、Flickr 和其他服务中，随时随地轻松取得相片和档案。

④ 人性化设置：在 Windows 10 系统中，可以以有趣崭新的布景主题、影片放映或者便利的小工具重新装饰用户的桌面。

⑤ Directx 12 助阵，色彩更炫目：Directx 12 是今日许多计算机游戏中炫目的 3D 视觉效果和多套音效的幕后软件，Directx 12 包含多项改进，经过全新设计，它已经变得更具效率，利用多核心处理器的能力，Directx 12 可以提供多种复杂的阴影及材质技术，因此 3D 动画更顺畅、图形比以前更生动更细致。

⑥ Office 2015 加入：在 Windows 10 正式版系统中加入了 Office 2015，它提供灵活且强大的崭新方式，可以在公司、家庭、学校等方面协助用户呈现最完美的成果。

2）NetWare

Novell 公司是一个著名的网络公司，它的网络操作系统产品开发比微软公司要早。1981 年，Novell 公司提出了文件服务器的概念。1983 年，Novell 公司开始推出 NetWare 操作系统。NetWare 具有代表性的产品主要有 Advanced NetWare 2.15、NetWare 2.2、NetWare 3.11 SFT Ⅲ、NetWare 3.12、NetWare 4.1、NetWare 4.11、IntranetWare 和 NetWare 5 等。

NetWare 2.2 是适用于工作组环境的 16 位网络操作系统。随着 32 位微型机的广泛使用，Novell 公司很快推出了 32 位网络操作系统（NetWare 3.xx）。开放性与模块化结构是 NetWare 3.11 的主要特点，它为在多厂商产品环境中进行复杂的网络计算等应用提供了高性能的网络平台。NetWare 3.12 是 NetWare 3.11 的增强版本，它除了支持 3.11 版本的全部功能外，还提供了与广域网之间更好的互联性。NetWare 3.11 SFT Ⅲ 实现了包括文件服务器镜像在内的三级系统容错（System Fault Tolerance，SFT）功能，大大提高了网络的可靠性。

在 NetWare 4.xx 的多个版本中，NetWare 4.11 在国内最为流行，它是将分布式目录、集成通信、多协议路由选择、网络管理、文件服务和打印服务集于一体的高性能网络操作系统。NetWare 4.11 支持分布式网络应用环境，可以把分布在不同位置的多个文件服务器集成为一个网络，对网络资源进行统一管理，为用户提供完善的分布式服务。为了适应 Internet 与 Intranet 的应用需要，Novell 公司推出了 IntranetWare 操作系统，但其内核仍然是 NetWare 4.11。NetWare 6 是 Novell 公司的最新产品，它由 NetWare 4.11 与 IntranetWare 等版本发展而来。

3）UNIX

UNIX 是为多用户环境设计的，即所谓的多用户操作系统。它是用 C 语言编写出来的，体系结构和源代码是公开的。UNIX 包括两大主流：系统 V，最初由 AT&T 的贝尔实验室研制开发；伯克利 BSD UNIX（从贝尔实验室研制的 UNIX 发展起来），由美国加州大学伯克利分校研制。后来又在这两个版本上发展了许多不同的版本，目前，UNIX 系统常用的版本有 UNIX SUR 4.0、HP-UX 11.0、Sun 的 Solaris 8.0 等。

UNIX 发展历史悠久，具有良好的稳定性、健壮性、安全性等特性，几乎所有的大型机、中型机、小型机都使用 UNIX，许多工作组级服务器也使用 UNIX。UNIX 操作系统是一个支持多用户的交互式操作系统，它具有以下特点：

（1）可移植性好：使用 C 语言编写，易于在不同计算机之间移植。

（2）多用户和多任务：UNIX 采用时间片技术，能同时为多个用户提供并发服务。

（3）层次式的文件系统：文件按目录组织，目录构成一个层次结构：最上层的目录为根目录，根目录下可建子目录，使整个文件系统形成一个从根目录开始的树状目录结构。

（4）文件、设备统一管理：UNIX 将文件、目录、外围设备都作为文件处理，简化了系统，便于用户使用。

（5）功能强大的 Shell：Shell 具有高级程序设计语言的功能。

（6）方便的系统调用：系统可以根据用户要求动态地创建和撤销进程；用户可在汇编语言、C 语言级使用系统调用，与核心程序进行通信，获得资源。

（7）具有丰富的软件工具。

（8）支持电子邮件和网络通信：系统提供在用户进程之间进行通信的功能。

当然，UNIX 操作系统也有一些不足，如用户接口不好，过于简单；种类繁多，且互不兼容；多以命令方式进行操作，不容易掌握，特别是初级用户。正因如此，小型局域网一般不使用 UNIX 作为网络操作系统，只有大型的网站或在大型的企事业局域网中才使用它。

4）Linux

Linux 是一种新型的网络操作系统，其最大的特点是开放源代码，并可得到许多免费应用程序。目前，Linux 操作系统已逐渐被国内用户所熟悉，其强大的网络功能也开始受到人们的喜爱。

最初发明设计 Linux 操作系统的是一位芬兰的年轻人 Linux B.Torvalds，他对 MINIX 系统十分熟悉。Torvalds 刚开始并没有发行这套操作系统的二进制文件，只是对外发布源代码而已，用户如果想要编译源代码，还需要 MINIX 的编译程序。起初，Torvalds 想将这套系统命名为 freax，他的目标是使 Linux 成为一个能够基于 Intel 硬件的、在计算机上运行的、类似于 UNIX 的新的操作系统。

Linux 虽然与 UNIX 类似，但它并不是 UNIX 的变种。Torvalds 从开始编写内核代码时就仿效 UNIX，几乎所有 UNIX 的工具与外壳都可以运行在 Linux 上。因此，熟悉 UNIX 的人就能很容易地掌握 Linux。Torvalds 将源代码放在芬兰最大的 FTP 站点上，人们认为这套系统是 Linux 的 MINIX，因此就建成了一个 Linux 子目录来存放这些源代码，Linux 这个名字就被使用起来。此后，世界各地的很多 Linux 爱好者都先后加入到 Linux 操作系统的开发工作中。

目前，有中文版本的 Linux，如 RedHat（红帽子）、红旗 Linux 等，其安全性和稳定性较好，在国内得到了用户的充分肯定。它与 UNIX 有许多类似之处，这类操作系统主要用于中、高档服务器中。

作为操作系统，Linux 几乎满足当今 UNIX 操作系统的所有要求，因此，它具有 UNIX 操作系统的基本特征。Linux 适合作为 Internet 标准服务平台，它以价格低、源代码开放、安装配置简单等特点，取得了广大用户的青睐。目前，Linux 已开始应用于 Internet 中的应用服务器，如 Web 服务器、DNS 域名服务器、Web 代理服务器等。

与传统网络操作系统相比，Linux 主要有以下特点：

（1）不限制应用程序可用内存大小。

（2）具有虚拟内存的能力，可以利用硬盘来扩展内存。

（3）允许在同一时间内运行多个应用程序。

（4）支持多用户，可以在同一时间内有多个用户使用主机。

（5）具有先进的网络能力，可以通过 TCP/IP 与其他计算机连接，通过网络进行分布式处理。

（6）符合 UNIX 标准，可以将 Linux 上完成的程序移植到 UNIX 主机上去运行。

（7）是免费软件，可以通过匿名 FTP 服务在 sunsite.ucn.edu 的 pub/Linux 目录下获得。

2．Windows Server 2016 简介

Windows Server 2016 是微软公司于 2016 年 10 月 13 日正式发布的服务器操作系统。

1）Windows Server 2016 的版本

Windows Server 2016 操作系统是完全基于 64 位的操作系统，版本分别是 Essentials、Standard、Datacenter 和 Foundation。

（1）Windows Server 2016 Essentials Edition：面向中小企业，此版本最多可容纳 25 个用户和 50 台设备。它支持两个处理器内核和高达 64 GB 的 RAM。它不支持 Windows Server 2016 的许多功能，包括虚拟化。

（2）Windows Server 2016 Standard Edition（标准版）：是为具有很少或没有虚拟化的物理服务器环境设计的。它提供了 Windows Server 2016 操作系统可用的许多角色和功能。此版本最多支持 64 个插槽和最多 4 TB 的 RAM。它包括最多两个虚拟机的许可证，并且支持 Nano 服务器安装

（3）Windows Server 2016 Datacenter Edition（数据中心版）：为高度虚拟化的基础架构设计，包括私有云和混合云环境。它提供 Windows Server 2016 操作系统可用的所有角色和功能。此版本最多支持 64 个插槽，最多 640 个处理器内核和最多 4 TB 的 RAM。

（4）Microsoft Hyper-V Server 2016：作为运行虚拟机的独立虚拟化服务器，包括 Windows Server 2016 中虚拟化的所有新功能。此版本最多支持 64 个插槽和最多 4 TB 的 RAM。它支持加入到域。

（5）Windows Storage Server 2016 Workgroup Edition（工作组版）：充当入门级统一存储设备。此版本允许 50 个用户，一个处理器内核 32 GB 的 RAM。它支持加入到域。

（6）Windows Storage Server 2016 Standard Edition（标准版）：支持多达 64 个插槽，但是以双插槽递增的方式获得许可。此版本最多支持 4 TB RAM。它包括两个虚拟机许可证。它支持加入到域。

2）Windows Server 2016 的特性

（1）Nano Server。Windows Server 2016 最大的的改变就是 Nano Server。 Nano Server 是一个精简的"headless"的 Windows Server 版本。Nano Server 将减少 93%的 VHD 的大小，减少 92%的系统公告，并且减少 80%的系统重启。Nano Server 的目标是跑在 Hyper-V，Hyper-V 集群之上，扩展文件服务器（SOFSs）和云服务应用。

（2）Windows Server 容器和 Hyper-V 容器。Windows Server 2016 提供了对容器的支持。容器作为最新的热点技术，在于它们可能会取代虚拟化的核心技术。容器允许应用从底层的操作系统中隔离，从而改善应用程序的部署和可用性。Windows Server 2016 将会提供两种原生的容器类型：Windows Server 容器和 Hyper-V 容器。

（3）Docker 的支持。Docker 是一个开源的，用于创建、运行和管理容器的引擎。用户能够使用 Docker 去管理 Windows Server 和 Hyper-V 容器。

（4）滚动升级的 Hyper-V 和存储集群。Windows Server 2016 中一个比较新的改变是对 Hyper-V 集群的滚动升级。滚动升级的新功能允许用户为运行 Windows Server 2012 R2 添加一个新的 Windows Server 2016 节点与节点 hyper-V 集群。集群将会继续运行在 Windows Server 2012 R2

功能级别中，直到所有的集群节点都升级到 Windows Server 2016。

（5）热添加和删除虚拟内存网络适配器。Windows Server 2016 Hyper-V 中另外一个新的功能是虚拟机在运行的过程中允许进行动态的添加和删除虚拟内存网络适配器。Windows Server 2016 能够让用户在 VM 还在运行的情况下改变分配的内存，即使 VM 正在使用的是静态内存也一样，可以在 VM 运行的状态下添加和删除网络适配器。

（6）嵌套的虚拟化。嵌套的虚拟化能够让用户在 Hyper-V 里面再运行 Hyper-V 虚拟机。

（7）PowerShell 管理。PowerShell 是一个非常强大的自动化管理工具，PowerShell 直接使用户能够运行 PowerShell 命令，通过来宾账户来操作系统的虚拟机，而不需要经过网络层。

（8）Linux 安全引导。Windows Server 2016 Hyper-V 的另一个新特性是能够使用安全引导与 Linux VM 的来宾账户操作系统。安全引导是 UEFI 在第二代 VMs 集成固件规范，用来保护虚拟机的硬件内核模式代码从根包和其他引导时受到恶意软件的攻击。

（9）新的主机守护服务和屏蔽 VMs。主机守护服务是 Windows Server 2016 上一种新的角色，主要的作用在于保护虚拟机和数据免遭未经授权的访问，即使是来自 Hyper-V 的管理员。屏蔽的 VM 能够应用 Azure 管理界面进行创建。屏蔽的 VM Hyper-V 虚拟桌面能够被加密。

（10）存储空间管理。Windows Server 2016 中一个最重要的改进是一种新的直接存储空间的功能。Windows Server 2016 直接存储空间允许集群在内部存取访问 JBOD 存储

任务实施

步骤一：准备需要的安装文件

Windows Server 2016 不仅能够安装到服务器上，设置成主域控制服务器、文件服务器等各种服务器；还能安装在局域网的客户机上，作为客户端系统使用；又能安装到个人计算机中，成为更稳定、更安全、更容易使用的个人操作系统。无论是服务器、客户机，还是家庭用户，安装 Windows Server 2016 的过程都非常人性化，在操作系统安装程序的指引下，用户可以非常容易地完成其安装过程。

可以购买发行的安装软件，这样的软件质量有保证，使用起来放心。安装软件支持光盘引导，使用方便。如果要安装在虚拟机上使用，如安装在虚拟机 VMWare 上，则须先下载安装镜像文件，很多网站提供了安装镜像文件（.iso）的免费下载服务。

步骤二：系统配置需求

Windows Server 2016 网络操作系统对硬件的要求如表 1-1 所示。

扫一扫

任务1
安装 Windows
Server 2016 网
络操作系统

表 1-1　安装 Windows Server 2016 硬件要求

要　　求	最　　小	推　　荐
CPU 频率	1.4 GHz（x64）	≥2 GHz
内存容量	1 GB	≥2 GB
可用磁盘空间	32 GB	≥40 GB
显示器	VGA（800×600 或更高）	
光驱	DVD-ROM	
其他	键盘、鼠标、可以连接 Internet	

步骤三：安装 Windows Server 2016 网络操作系统

Windows Server 2016 可以用 3 种方法安装：通过光盘进行全新安装，通过网络进行远程安装，升级安装。本任务中，管理员使用光盘安装 Windows Server 2016。

1. 通过光盘直接安装

（1）将计算机的 BIOS 设置为从 CD-ROM 启动。

（2）将 Windows Server 2016 安装盘放入光驱中，重新启动计算机，此时将从光盘启动安装程序。加载了部分驱动程序，并初始化了 Windows Server 2016 执行环境，弹出"Windows 安装程序"界面，如图 1-1 所示。

在该界面中可以修改"要安装的语言""时间和货币格式"和"键盘和输入方法"，按照要求进行选择。

（3）单击"下一步"按钮，弹出"现在安装"界面，如图 1-2 所示。

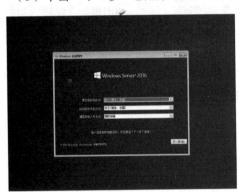
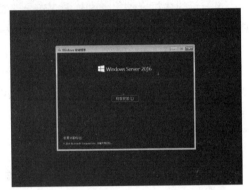

图 1-1　Windows 安装程序界面　　　　　　图 1-2　"现在安装"界面

（4）单击"现在安装"按钮，弹出"安装程序正在启动"界面，然后出现"激活 Windows"界面，如图 1-3 所示，如果是新安装系统，用户可以输入购买时提供的产品序列号，如 RBKMW-YNB8P-WRC27-HK9BR-K4T3F，也可以在系统安装完成后激活 Windows 操作系统。

（5）安装程序启动后，弹出"选择要安装的操作系统"界面，如图 1-4 所示。

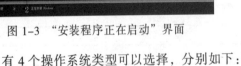
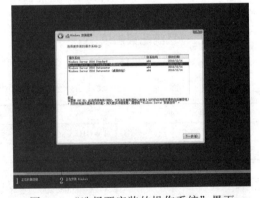

图 1-3　"安装程序正在启动"界面　　　　　图 1-4　"选择要安装的操作系统"界面

有 4 个操作系统类型可以选择，分别如下：

① Windows Server 2016 Standard。

② Windows Server 2016 Standard（桌面体验）。

③ Windows Server 2016 Datacenter。

④ Windows Server 2016 Datacenter（桌面体验）。

其中 Windows Server 2016 Standard 和 Windows Server 2016 Datacenter 不具备图形化界面，只提供纯命令行的服务器操作系统，仅安装了操作系统核心基础服务，减少了被攻击的可能性，因此，系统更加安全、稳定和可靠，但是这种版本不适合初学者，所以管理员可选择 Windows Server 2016 Standard（桌面体验）版本进行安装。

（6）单击"下一步"按钮，弹出"许可条款"界面，如图 1-5 所示。选中左下角的"我接受许可条款"复选框。

（7）单击"下一步"按钮，弹出"你想执行哪种类型的安装"界面，如图 1-6 所示。其中，"升级：安装 Windows 并保留文件、设置和应用程序"选项用于从 Windows Server 2012 升级到 Windows Server 2016，如果当前计算机中没有安装操作系统，该选项可不用；"自定义：仅安装 Windows（高级）"选项用于全新系统的安装。

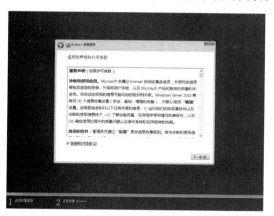

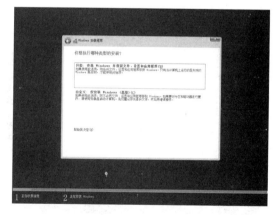

图 1-5　"许可条款"界面　　　　　　图 1-6　"你想执行哪种类型的安装"界面

（8）选择"自定义：仅安装 Windows（高级）"选项，并单击"下一步"按钮，弹出"你想将 Windows 安装在哪里"界面，如图 1-7 所示。该服务器硬盘空间有 30 GB，没有进行分配。如果服务器上有多块硬盘，则会依次显示为驱动器 0、驱动器 1、驱动器 2 等。

（9）单击"驱动器选项（高级）"，可以对驱动器进行分区、格式化及删除已有分区等操作，如图 1-8 所示。单击"新建"按钮，在"大小"文本框中输入第一个分区的大小，如输入"20480"，单击"应用"按钮完成第一个分区的创建，同样的方法可以创建其他分区，创建完成后如图 1-9 所示。按照这种方法创建的分区类型是主分区，如果要创建扩展分区，可在安装好系统后再划分其他分区。

（10）选择第四个分区，单击"下一步"按钮，开始安装系统，如图 1-10 所示。

（11）安装完成后，系统要求首次登录之前必须更改密码，如图 1-11 所示，用户名是管理员账号 Administrator，在"密码"和"重新输入密码"文本框中输入密码。需要注意的是，在 Windows Server 2016 系统中，必须设置强密码，否则系统将提示"输入的密码不符合网络或组管理员设置的密码复杂性要求，应从管理员那里了解这些要求，然后输入新密码"，如图 1–12 所示。强密码一般由大写字母、小写字母、数字和特殊符号 4 个条件构成，只要满足其中 3 个条件即可。密码设置完成后，即完成了操作系统的安装。

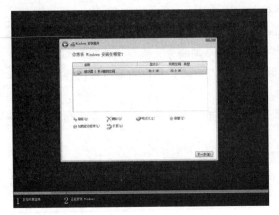

图 1-7　选择操作系统安装位置

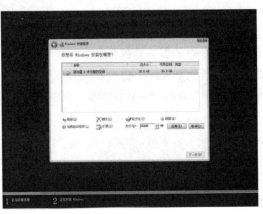

图 1-8　创建分区

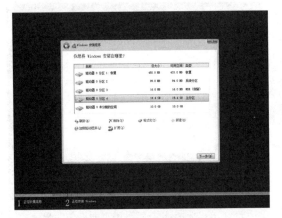

图 1-9　分区创建完成

图 1-10　正在安装 Windows

图 1-11　设置账号密码

图 1-12　密码不符合要求

2．登录测试

（1）系统安装完成后，弹出登录界面，提示按【Ctrl+Alt+Delete】组合键登录，如图 1-13 所示。

（2）按【Ctrl+Alt+Delete】组合键，弹出登录对话框，如图 1-14 所示，输入用户名和密码，单击"→"按钮，即可登录系统。

（3）进入 Windows Server 2016 操作系统后，弹出"服务器管理器"窗口，如图 1-15 所示。至此，已成功安装 Windows Server 2016 系统。

（4）关闭"服务器管理器"界面，可以看到 Windows Server 2016 的默认桌面，如图 1-16 所示。

图 1-13　登录界面

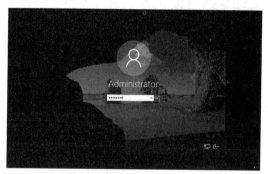

图 1-14　输入用户名和密码

图 1-15　服务器管理器窗口

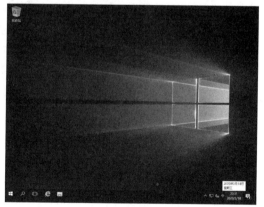

图 1-16　默认桌面

3．关闭系统

Windows Server 2016 操作系统桌面环境简洁，所有的功能都可以在"开始"菜单中实现。

（1）单击任务栏中的"▦"图标，打开"开始"菜单，出现所有能执行的操作，如图 1-17 所示。

（2）如果要关闭系统，单击"电源"按钮，出现"关机"和"重启"按钮，可以关闭或者重新启动系统，如图 1-18 所示。

图 1-17 打开"开始"菜单

图 1-18 "关机"和"重启"按钮

4. 注销系统

按【Ctrl+Alt+Delete】组合键，出现图 1-19 所示的界面，可以锁定用户、切换用户、注销当前用户、更改用户密码和打开任务管理器，或者按【Win+R】组合键，打开"运行"窗口，在"运行"文本框中输入"logoff"，注销系统。

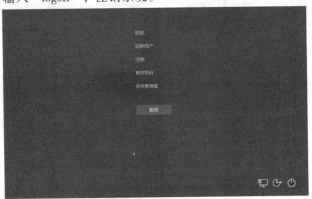
图 1-19 注销系统界面

步骤四：Windows Server 2016 系统基本操作

安装 Windows Server 2016 与 Windows Server 2003 等低版本操作系统最大的区别是，在安装过程中不用设置计算机名称、网络连接等信息，安装系统的时间缩短，在安装完成后，应该设置计算机名称和 IP 地址等信息。

1. 更改主机名

在安装 Windows Server 2016 系统时，不用设置机器名，系统自动分配了机器名，但是默认的机器名比较烦琐，不方便记忆。

（1）查看机器名的方法是单击"开始"菜单的"服务器管理器"按钮，在弹出的对话框中选择"本地服务器"，如图 1-20 所示，默认计算机名是 WIN-D33EJ9LO987，默认工作组是 WORKGROUP。

图 1-20 查看默认机器名

（2）单击"计算机名 WIN-D33EJ9LO987"位置，弹出"系统属性"对话框，如图 1-21 所示，再单击"更改"按钮，可以修改机器名和工作组，如图 1-22 所示。将计算机名称修改为 server，工作组修改为 LNJD，单击"确定"按钮后，系统提示"需要重新启动计算机才能应用这些更改"，安装提示重新启动系统后，设置会生效。

图 1-21 "系统属性"对话框

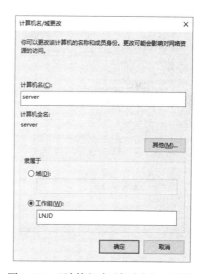

图 1-22 "计算机名/域更改"对话框

2. 设置 IP 地址

对于网络中的计算机，需要设置 IP 地址才能与其他计算机进行通信，管理员将服务器的 IP 地址设置为 192.168.1.2，子网掩码设置为 255.255.255.0，默认网关设置为 192.168.1.1，首选 DNS 服务器设置为 192.168.1.3。

（1）单击图 1-20 中"Ethernet0 由 DHCP 分配的 IPv4 地址，IPv6 已启用"位置，打开"网络连接"窗口，如图 1-23 所示。

图 1-23   "网络连接"窗口

（2）右击"Ethernet0"选择"属性"命令，弹出图 1-24 所示的对话框，选择"Internet 协议版本 4（TCP/IPv4）"，可以配置 IPv4、IPv6 等协议。

（3）双击"Internet 协议版本 4（TCP/IPv4）"，弹出"Internet 协议版本 4（TCP/IPv4）属性"对话框，输入 IP 地址 192.168.1.2，子网掩码 255.255.255.0，默认网关 192.168.1.1，首选 DNS 服务器 192.168.1.3，如图 1-25 所示，完成设置后单击"确定"按钮。

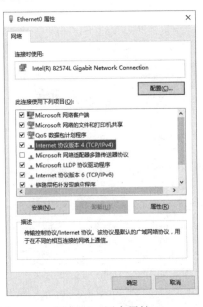
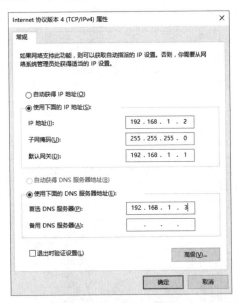

图 1-24   网卡属性   图 1-25   设置 IP 地址

3. 使用 sconfig 命令设置机器名和 IP 地址

（1）Windows Server 2016 系统中可以使用 sconfig 命令设置机器名和 IP 地址等信息，按【Win+R】组合键，在"运行"文本框中输入命令 sconfig，打开配置界面，如图 1-26 所示，设置哪项内容，就在"输入数字以选择选项"后输入相应的数字。

（2）输入数字"2"，设置计算机名称，如图 1-27 所示，输入计算机名称 server，修改完成后需要重启计算机。

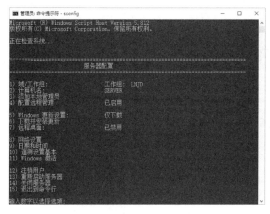
图 1-26　sconfig 配置界面

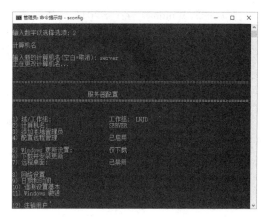
图 1-27　设置机器名

（3）输入数字"8"，进行网络设置，首先在"选择网络适配器索引编号<空白=取消>"后输入网络适配器索引编号"10"，出现"网络适配器设置"提示，选择选项"1"，进行 IP 地址设置，如图 1-28 所示，在"选择 DHCP<D>或静态 IP<S>"后输入 s，表示设置静态 IP 地址，输入 IP 地址 192.168.1.100，子网掩码空白，表示使用默认值，或者输入 255.255.255.0，默认网关输入 192.168.1.1，如图 1-29 所示。

图 1-28　选择"网络适配器"

图 1-29　设置 IP 地址

技 能 训 练

1. 训练目的

（1）了解 Windows Server 2016 操作系统的优点。

（2）掌握 Windows Server 2016 操作系统的安装方法。

（3）能够安装 Windows Server 2016 操作系统。

（4）掌握 Windows Server 2016 操作系统的登录与注销等操作。

2. 训练环境

Windows 系统的计算机。

3．训练内容

（1）安装 Windows Server 2016 操作系统。

要求：

① 创建 3 个分区，大小分别是 20 GB、40 GB、40 GB。

② 管理员密码设置为 Admin@lnjd.com。

（2）登录系统。

将计算机名称设置为 server1，IP 地址设置为 192.168.1.2，网关设置为 192.168.1.254，DNS 服务器设置为 219.149.6.99。

（3）进行注销和关机操作。

4．训练要求

实训分组进行，可以 2 人一组，小组讨论，决定方案后实施，教师在小组方案确定后给予指导，在学生安装系统出现问题时，引导学生独立解决问题。

5．训练总结

完成训练报告，总结项目实施中出现的问题。

单元 2　活动目录安装与管理

本单元设置 1 个任务，该任务首先安装 Windows Server 2016 活动目录，然后管理 Windows Server 2016 域用户，再管理 Windows Server 2016 域组，将计算机加入域，最后删除活动目录。

任务 2　管理 Windows Server 2016 活动目录

学习目标

- 理解活动目录的基本知识。
- 能够安装域控制器。
- 能够创建管理域用户。
- 能够创建管理域组。

任务引入

某公司网络管理员要以 Windows Server 2016 网络操作系统为平台安装活动目录，架设公司的域控制器，并让公司员工能够加入到该域，使用公司的资源。公司的域名为 lnjd.com，公司的网络拓扑图如图 2-1 所示。

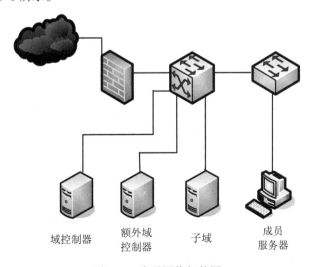

图 2-1　公司网络拓扑图

任务要求

（1）安装活动目录，配置域控制器，公司域名为 lnjd.com。

（2）管理公司用户，为财务处新员工李娜设置账号，账户的登录名为 ln，再设置账户的详细信息，由于该员工上白班，所以将登录时间设置为周一至周五的早8点至晚5点。

（3）管理公司组，创建财务处组，将账户李娜添加到财务处组。

（4）将成员服务器加入到域中。

（5）删除活动目录。

任务分析

作为公司的网络管理员，为了完成该任务，首先要进行网络规划，域控制器的 IP 地址为192.168.1.3，域名是 lnjd.com，成员服务器有一个，要求加入到域。先安装活动目录，然后在域控制器上创建用户李娜，设置李娜属性实现登录时间限制；再创建财务处组，将用户李娜添加到该组中；然后将成员服务器加入到域中；如果活动目录出现故障或者不再使用，删除活动目录。

相关知识

随着计算机网络技术的发展，网络资源的有效管理成为越来越重要的课题。如何管理用户、组、数据、打印机、共享连接的网络资源等直接影响着网络的功能。在 Windows Server 2016 中，Active Directory（活动目录）能够实现对网络资源的高效管理。目录如同电话簿，在电话簿中，人们按照一定的规律记录着亲戚朋友的姓名、电话、地址等信息，可以方便地进行数据查找。Windows Server 2016 中的目录用来存储用户账户、组、打印机等对象的相关数据，这些数据的存储位置称为目录数据库。在 Windows Server 2016 中，负责提供目录服务的组件就是活动目录（Active Directory）。

1. 活动目录的服务功能

活动目录的适用范围很广，可以用在一台计算机或一个计算机网络中，也可以用在多个广域网中，它可以管理整个网络中的所有对象，如用户、组、数据文件、应用程序、打印机和服务器等。

一台计算机安装了 Windows Server 2016 网络操作系统后，便成为成员服务器，通过网络将多个成员服务器连接在一起，形成"工作组"的网络结构。这种工作组网络又称"对等式"网络，采用的网络模式是"对等模式"。

如果成员服务器安装了活动目录，类型则变为域控制器，网络结构则变为"域结构"网络，采用的网络模式是"客户机/服务器模式"。

一个网络中可以有多个域，并且能够将这些域设置成域目录树。域中的计算机类型有以下几种：

（1）域控制器：只有 Windows Server 2016 或者 Windows 2000（Windows NT Server）才可以承担域控制器的角色。一个域内可以有多个域控制器，它们的地位是平等的，分别存储一份相同的活动目录。任何一台域控制器新建一个用户账户，该账户信息存储在该域控制器的活动目录数据库中时，以后这份数据会自动复制到其他域控制器的活动目录数据库中，以达到同步。

（2）成员服务器：成员服务器可以由 Windows Server 2016（或 Windows NT Server）承担。如果一台计算机安装了 Windows Server 2016，没有加入域，其类型为"独立服务器"，如果加入域，但没有安装活动目录，其类型为"成员服务器"。独立服务器与成员服务器没有活动目录的数据，它们都有一个本地安全数据库，用来管理本地用户和组。

域中还可以有 Windows Server 2016、Windows 2000 Server Professional、Windows XP 等计算机，这些计算机必须加入域才能利用域用户登录，为了更好地理解与使用活动目录，下面先介绍几个名词：

（1）名称空间：在 Windows Server 2016 域中，活动目录就是一个"名称空间"，可以利用对象的名称方便地找到与这个对象有关的信息，如同利用电话簿的姓名找到这个人的电话、地址等信息一样。

Windows Server 2016 的活动目录与域名系统（DNS）紧密集成在一起，名称空间采用了 DNS 的结构。DNS 用来解析域名和 IP 地址的映射关系。在网络应用中，一般的公司、企业、单位的 Windows Server 2016 域名就用 DNS 域名，如果该公司已经在 Internet 上注册了域名为 lnjd.com，则 Windows Server 2016 的域名也应该命名为 lnjd.com。

（2）对象：Windows Server 2016 网络上的资源都是以对象的形式存在，如用户、组和打印机等都是对象。

（3）属性：对象通过属性来描述特征，对象本身就是一些属性的集合。例如，用户为公司新职员建立一个账户，这就是一个对象，然后为这个对象输入姓、名、登录名、电话等信息，这些信息就是属性。

（4）容器与组织单位：容器（Container）和对象相似，也有自己的名称，也是一些属性的集合。但容器并不代表一个实体，容器内可以包含一组对象及其他容器。组织单位（Organization Units，OU）就是活动目录内的一个容器。组织单位内可以包含其他对象，如用户和计算机等对象，也可以包含其他组织单位。这些内容在安装了活动目录以后再进行详细的讲解。

活动目录就是将对象、容器和组织单位等组合在一起，以树状结构存储到活动目录的数据库内。

2．域用户概述

Windows Server 2016 是一个可以建立多域、可以供多人使用的操作系统，因此，域上用户与计算机的管理就是服务器上最重要、最复杂的一个环节。为了整个系统的安全和提供良好的服务，每个用户都应有自己的用户账户，以不同的组或权限来存取服务器上或域上的资源。除了单独设置个人账户之外，也可以使用组的观念将一些用户账户集中起来，当更改组的属性时，该属性也会应用到该组的成员中。这样一来，可以减少一一修改用户属性的麻烦。

（1）Windows Server 2016 的用户有以下两种类型：

① 域用户账户：域用户账户建立在域控制器的活动目录数据库中，可以在域中的任何计算机上登录，所有的域控制器都可以对该用户进行登录身份验证。

② 本地用户账户：成员服务器和独立服务器上建立的用户是本地用户，本地用户可以登录

到本机，但是不能登录到域控制器上，也不能使用域内资源。

（2）内置的用户账户。Windows Server 2016 安装完成以后，系统已经建立一些内置的账户，主要有：

① Administrator（系统管理员）。该账户具有最高的权限，可以管理域内的所有资源，为了安全起见，可以将其改名，但是无法删除此账户。

② Guest（客户）。Guest 是临时使用的账户，这个账户只有少部分权限，提供给偶尔登录的用户使用，对系统的安全有好处。

3. 域组管理

利用组来管理用户能够起到事半功倍的效果，可以组为单位进行权限的设置与分配。Windows Server 2016 域中包含多个内置的组，包括本地域组、全局组和系统组。成员服务器和独立服务器中包含了一些内置的本地组与系统组。

1）内置的本地域组

在 Windows Server 2016 域的活动目录中，系统内置了一些本地域组，这些组已经被赋予了一些权利与权限，以便管理域控制器和活动目录。只要将用户添加到此组，该用户就具有同样的权利与权限。

这些内置的本地域组位于活动目录的 Builtin 组织单位中，有以下几种类型：

（1）Administrators：具备系统管理员的权限，拥有最大的权限，可以执行整个域的管理任务。默认的成员有 Administrator、Domain Admins 全局组、Enterprise Admin 等。

（2）Server Operators：拥有管理域控制器的权利，如在域控制器上登录域；建立、管理、删除域控制器上的共享文件夹和共享打印机；备份与还原数据；锁定与解开域控制器等。

（3）Account Operators：该组的组员可以利用"Active Directory 用户和计算机"来添加、更改、删除域内的用户账户与组。不过，Account Operators 无法更改或删除 Administrators、Domain Admins、Account Operators、Backup Operators、Printer Operators 或 Server Operators 等重要的组。

（4）Printer Operators：此组的组员可以建立、停止或管理在域控制器上的共享打印机，也可以将此域控制器关闭。

（5）Backup Operators：此组的组员可以利用"Windows Server 2016 备份"程序来备份与还原域控制器中的文件夹与文件，也可以将此域控制器关闭。

（6）Users：此组的组员所能执行的任务根据指派给它的权利而定；其所能访问的资源则根据所指派给它的权限而定。此组默认的成员为 Domain Users 全局组。

（7）Guests：此组的组员所能执行的任务根据指派给它的权利而定；其所够访问的资源则根据所指派给它的权限而定。此组供没有 Windows Server 2016 用户账户而需要访问资源的用户使用。此组默认的成员为用户账户 Guest、Domain Guest 全局组。

2）内置的全局组

当建立一个域时，系统会在活动目录中建立一些内置的全局组。这些全局组本身并没有任何权利与权限，但可以通过将其加入具备权利或权限的本地域组，或者直接给此全局组指派权利或权限。

这些内置的全局组位于组织单位内。以下列出几个较常用的全局组：

（1）Domain Admins：Windows Server 2016 会自动将此组加入到 Administrators 本地域组中，因此 Domain Admins 这个全局组中的每个成员也都具备系统管理员的权限。此组默认的成员为用户账户 Administrator。如果要添加具有系统管理员权限的账户，并且为了便于管理，最好将其加入 Domain Admins 全局组，而不要直接将其加入 Administrators 本地组中，因为 Domain Admins 全局组还可以被加入到其他组中（包含位于其他域中的组），而 Administrators 组只能被加入到同一个域中的其他本地域组中，后者在使用上比较缺乏弹性。

（2）Domain Users：Windows Server 2016 会自动将此组加入 Users 本地域组中。此组默认的成员为用户账户 Administrator，而以后所有添加的域用户账户都自动属于此 Domain Users 全局组。

（3）Domain Guests：Windows Server 2016 会自动将此加入 Guest 本地域组中。此组默认的成员为用户账户 Guest。

（4）Enterprise Admins：如果希望某个用户具备管理整个网络的权利，则可以将此用户账户加入到 Enterprise Admins 全局组中，然后将此组加入到每个域的 Administrators 本地域组中。此组默认的成员为用户账户 Administrator。

3）内置的本地组

在 Windows Server 2016 独立服务器、Windows Server 2016 成员服务器的本地安全数据库中，系统内置了一些本地组，这些组本身已被赋予了一些权利与权限，以便让其具备管理本地计算机的功能。只要将用户或全局组等账户加入到此本地组中，这些账户就具有相同的权利与权限。

以下列出几个较常用的本地组：

（1）Administrators：属于此 Administrators 本地组中的用户都具备系统管理员的权限，拥有对这台计算机最大的控制权，可以执行整台计算机的管理任务。内置的系统管理员账户 Administrator 就是此本地组的成员，而且无法将其从此组中删除。若这台计算机加入了域，则域上的 Domain Admins 会自动加入此计算机的 Administrators 组中。也就是说，域上的系统管理员在这台计算机上也具备了系统管理员的权限。

（2）Backup Operators：Backup Operators 本地组的组员可以利用"Windows Server 2016 备份"程序来备份与还原该计算机中的文件夹与文件。

（3）Users：此 Users 本地组的组员所能执行的任务根据指派给它的权利而定；而其所能访问的资源根据所指派给它的权限而定。所有添加的本地用户账户都自动属于此组。若这台计算机加入了域，此域上的 Domain Users 自动被加入到此计算机的 Users 组中。

（4）Guests：此 Guests 本地组的组员所能执行的任务根据指派给它的权利而定；而其所能访问的资源根据所指派给它的权限而定。此组供没有 Windows Server 2016 环境的用户使用。此组最常用的默认成员为用户账户 Guests。若这台计算机加入了域，则域 Domain Guests 会自动被加入到此计算机的 Guests 组中。

（5）Power Users：此组中的用户可以添加、删除、更改本地用户账户；建立、管理、删除本地计算机中的共享文件夹与打印机。

4）内置的系统组

系统组位于每台 Windows Server 2016 的计算机中，这些组的成员根据用户如何访问资源而定。无法更改这些组的成员，也就是说，无法在"Active Directory 用户和计算机"或"计算机管理"中看到并管理这些组。这些组只有在设置权利、权限时才看得到。

以下列出几个较常用的系统组：

（1）Everyone：任何一个访问该计算机的用户都属于这个组。注意，若 Guest 账户被启用，则在给 Everyone 组指派权限时必须小心，因为任何一个没有账户的用户访问资源时，会自动被允许利用 Guest 账户来访问，从而具有 Everyone 所拥有的权限。

（2）Authenticated Users：任何一个利用有效的账户来连接的用户都属于此组。建议在设置权限时，尽量通过 Authenticated Users 组设置，而不要通过 Everyone 设置。

（3）Interactive：任何在本地登录的用户都属于这个组。

（4）Network：任何通过网络来连接此计算机的用户都属于这个组。

（5）Creator Owner：文件夹、文件或打印文件等资源的建立者就是此资源的 Creator Owner（建立者/所有者），如果建立者属于 Administrators 组中的成员，则其 Creator Owner 为 Administrators 组。

（6）Anonymous Logon：任何没有利用有效的 Windows Server 2016 账户连接的用户都属于此组。

（7）Dialup：任何利用拨号方式连接的用户都属于此组。

任务实施

步骤一：安装活动目录

了解了活动目录的概念之后，下面来学习活动目录的安装，并使用活动目录所提供的服务。

（1）选择"服务器管理器"命令，弹出"服务器管理器"窗口，如图 2-2 所示。

扫一扫

任务2
管理 Windows
Server 2016 活
动目录

图 2-2 "服务器管理器"窗口

（2）单击"添加角色和功能"超链接，弹出"添加角色和功能向导"窗口，如图 2-3 所示，提示安装之前，确定管理员账号已经设置强密码、已经为服务器设置了 IP 地址等，管理员已经做好了这些准备工作，单击"下一步"按钮执行后续操作。

（3）选择"安装类型"，可以选择在实际的物理计算机、虚拟机或者脱机虚拟硬盘上安装角色和功能，如图 2-4 所示，管理员选择"基于角色或基于功能的安装"单选按钮，即在本机上安装。

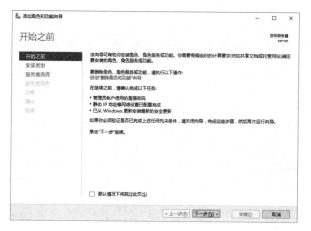

图 2-3 "添加角色和功能向导"窗口

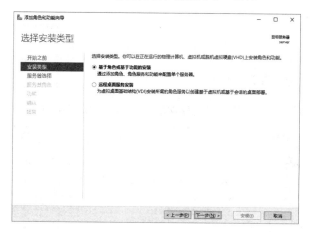

图 2-4 "选择安装类型"窗口

（4）单击"下一步"按钮，弹出"选择目标服务器"窗口，如图 2-5 所示，选中"服务器选择"→"从服务器池中选择服务器"单选按钮，服务器的名称是 server，IP 地址是 192.168.1.3。

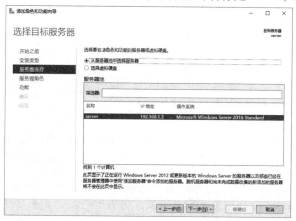

图 2-5 "选择目标服务器"窗口

（5）单击"下一步"按钮，弹出"选择服务器角色"窗口，如图2-6所示，当选择"Active Directory 域服务"时，弹出确认添加 Active Directory 域服务所需的功能窗口，如图2-7所示，单击"添加功能"按钮。

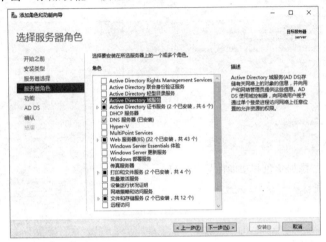

图 2-6　"选择服务器角色"窗口　　　　　　　图 2-7　确认添加功能

（6）单击"下一步"按钮，弹出"选择功能"窗口，如图2-8所示，保持默认选项即可。

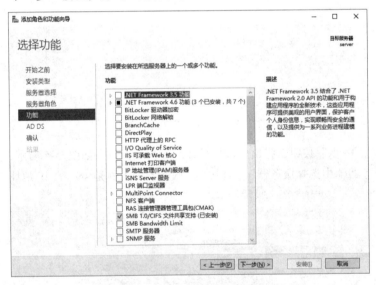

图 2-8　"选择功能"窗口

（7）单击"下一步"按钮，弹出"Active Directory 域服务"窗口，如图2-9所示，该窗口对 Active Directory 域服务进行简单介绍，并提示安装 Active Directory 域服务的注意事项。

（8）单击"下一步"按钮，弹出"确认安装所选内容"窗口，如图2-10所示，单击"安装"按钮开始安装 Active Directory 域服务。安装需要几分钟的时间，如图2-11所示。

（9）安装和配置完成后，在"服务器管理器"窗口左侧出现 AD DS 服务，如图2-12所示。

图 2-9　"Active Directory 域服务"窗口

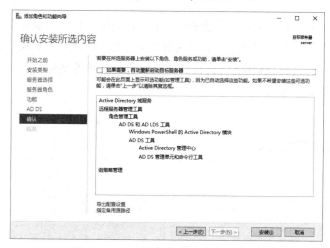

图 2-10　"确认安装所选内容"窗口

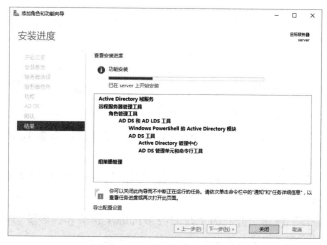

图 2-11　"安装进度"窗口

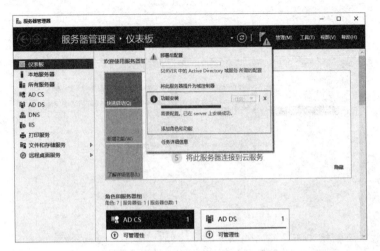

图 2-12　将此服务器提升为域控制器

（10）在图 2-12 中，右上角有一个⚠图标，单击该图标，打开"部署配置"窗口，将此服务器提升为域控制器，如图 2-13 所示。在"选择部署操作"中选中"添加新林"单选按钮，即在系统中新创建一个林。在"根域名"文本框中输入公司的域名 lnjd.com。

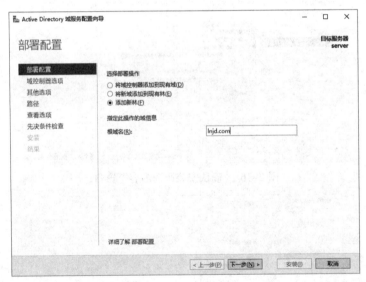

图 2-13　"部署配置"窗口

（11）单击"下一步"按钮，弹出"域控制器选项"窗口，如图 2-14 所示，输入目录服务还原模式密码。

（12）单击"下一步"按钮，此时由于在本服务器上找不到 DNS 服务器，因此会出现警告信息，如图 2-15 所示。

（13）单击"下一步"按钮，此时为了与旧版 Windows 相兼容，系统会要求提供在 NetBIOS 上使用的名称，预设为 DNS 完整名称的前面部分，如图 2-16 所示。

图 2-14　"域控制器选项"窗口

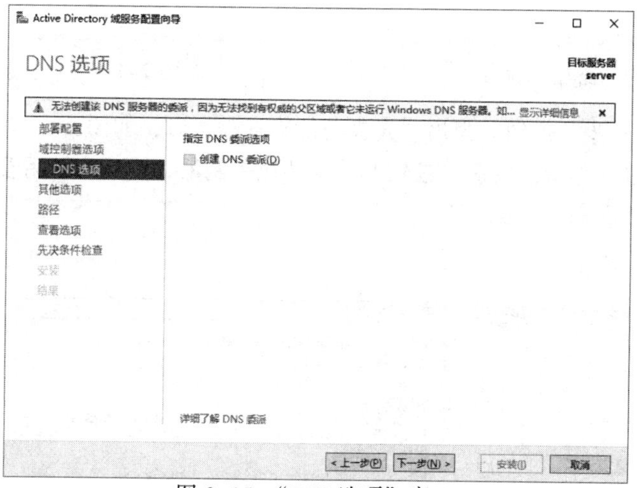

图 2-15　"DNS 选项"窗口

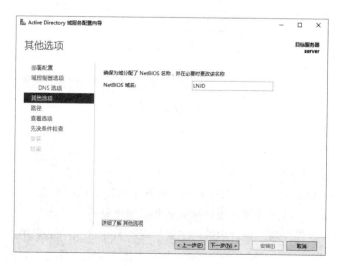

图 2-16　"其他选项"窗口

（14）单击"下一步"按钮，弹出"路径"窗口，如图 2-17 所示。数据库与日志文件存放在新域的目录中，为达到最佳化，建议将该文件放置于独立的硬盘上。

（15）单击"下一步"按钮，弹出"查看选项"窗口，如图 2-18 所示。在此，用户可以看到本服务器为新林中的域控制器，同时新域名也是新目录林名称，并且安装 DNS 服务。

图 2-17 "路径"窗口　　　　　　　　　　　　　　图 2-18 "查看选项"窗口

（16）单击"下一步"按钮，弹出"先决条件检查"窗口，如图 2-19 所示。提示所有先决条件检查都成功通过，单击"安装"按钮开始安装域控制器，完成安装后重新启动计算机。

图 2-19 "先决条件检查"窗口

步骤二：管理域用户

1. 建立用户账户"李娜"

必须使用"Active Directory 用户和计算机"管理单元建立域用户账户，在建立用户账户时，可以选择一个组织单位，以便将用户账户建立到此组织单位内。

（1）选择"服务器管理器"窗口中的"工具"→"Active Directory 用户和计算机"命令，弹出图 2-20 所示的窗口。双击域名 lnjd.com，然后右击 Users 文件夹，并在弹出的快捷菜单中选择"新建"→"用户"命令，弹出图 2-21 所示的对话框，在该对话框中进行设置，各项说明如下：

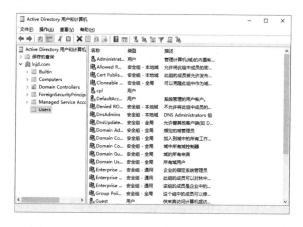

图 2-20　"Active Directory 用户和计算机"窗口

图 2-21　"新建对象-用户"对话框 1

① 姓与名：至少在这两个文本框之一输入信息，如"姓"输入"李"，"名"输入"娜"。

② 姓名：用户的全名默认是前面的姓与名的结合。

③ 用户登录名：用户用来登录域所使用的名称。在活动目录中，这个名称必须是唯一的，这里输入 ln。

④ 用户登录名（Windows 2000 以前版本）：这个名称是供使用 Windows 2000 以前版本（如 Windows NT、Windows 9X 等）的用户使用的，也就是用户在这些计算机上登录时必须使用这个名称。

（2）单击"下一步"按钮，弹出图 2-22 所示的界面，进行设置，各项说明如下：

① 密码与确认密码：输入用户账户的密码。为了避免在输入时被他人看到密码，对话框中的密码只会以星号（*）显示。需要再次输入密码来确认所输入的密码是否正确。密码最多 128 个字符，并区分大小写。

② 用户下次登录时须更改密码：强迫用户在下次登录时必须更改密码。该项设置可以确保只有该用户知道该密码。

图 2-22　"新建对象-用户"对话框 2

③ 用户不能更改密码：它可防止用户更改密码，如果多人共享一个账户（如 Guest），则选中此复选框，避免发生被某个人更改密码后，造成其他人都无法登录的情况。

④ 一般用户若要自己更改账户密码，可以通过按【Alt+Ctrl+Delete】组合键的方式来设置。

⑤ 密码永不过期：若选中此复选框，则系统永远不会要求该用户更改密码，即使在"账户策略"的"密码最长存留期"中设置了所有用户必须定期更改密码，系统也不会要求这个用户更改密码。若同时选中"用户下次登录时需更改密码"和"密码永不过期"复选框，则把"密码永不过期"作为设置规则。

⑥ 账户已禁用：禁止用户利用此账户登录。

弱密码会使攻击者易于访问计算机和网络，而强密码则难以破解，即使使用密码破解软件也难以办到。密码破解软件使用以下 3 种方法之一：巧妙猜测、词典攻击和自动尝试字符的各种可能组合。只要有足够长的时间，这种自动方法可能破解任何密码。即便如此，破解强密码也远比破解弱密码困难得多。因此，安全的计算机需要对所有用户账户都使用强密码。强密码具有以下特征：

① 长度至少有 7 个字符。

② 不包含用户名、真实姓名或公司名称。

③ 不包含完整的字典词汇。

④ 包含全部下列 4 组字符类型：大写字母（A、B、C 等）、小写字母（a、b、c 等）、数字（0、1、2、3、4、5、6、7、8、9）、键盘上的符号（键盘上的未定义为字母和数字的字符，如 ~ 、! 、@ 、# 、¥ 、% 、* 、（ 、）、_ 、+ 、- 、| 、= 、{ 、} 、[、] 、: 、、、‘ 、、、/ 、< 、> 、, 、. 、? ）。

（3）单击"下一步"按钮，提示用户账户的信息，如图 2-23 所示。

（4）单击"完成"按钮，如果弹出图 2-24 所示的对话框，说明密码不符合强密码要求。

如果密码符合强密码要求，则完成用户账户的创建，如图 2-25 所示。

图 2-23　"新建对象-用户"对话框 3

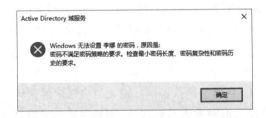

图 2-24　密码不符合强密码要求时的提示

图 2-25　成功创建用户

2．域用户账户的属性设置

要设置用户账户的属性，可选择该用户李娜，右击该用户，并在弹出的快捷菜单中选择"属性"命令，弹出的对话框如图 2-26 所示。

（1）用户个人信息的设置：用户个人信息指姓名、地址、电话、传真、移动电话、公司、部门、职称、电子邮件、网页等。

① "常规"选项卡：用来设置姓、名、显示名称、描述、办公室、电话号码、电子邮件和网页等信息。

② "地址"选项卡：用来设置国家（地区）、省/自治区、县市、街道、邮箱和邮政编码等信息。

③ "电话"选项卡：用来设置家庭电话、寻呼机、移动电话、传真、IP 电话等信息。

④ "单位"选项卡：用来设置职务、部门、公司、经理和直接下属等信息。

（2）账户信息的设置：在图 2-26 所示的对话框中选择"账户"选项卡，如图 2-27 所示。这里介绍用户账户的"登录时间""登录到""账户过期"等设置。

图 2-26 "李娜 属性"对话框

图 2-27 "账户"选项卡

① 账户过期：设置账户的有效期限，默认为账户永不过期，也可以选中"在这之后"单选按钮，并确定账户过期的时间。

② 登录时间："登录时间"用来设置允许用户登录到域的时段，默认是用户可以在任何时段登录域。由于员工李娜是上白班，为了公司安全，不允许在晚间和周末登录。设置时，单击图 2-27 中的"登录时间"按钮，弹出图 2-28 所示的对话框。

横轴每一方块代表 1 小时，纵轴每一方块代表 1 天，填充的方法表示允许此用户登录的时段，空格方块代表该时段不允许此用户登录。职员李娜上白班，登录时间为周一至周五的 8:00～17:00。

选择要设置的时段，若选中"允许登录"单选按钮，则表示允许用户在该时段内登录；若选中"拒绝登录"单选按钮，则表示在所选时段内不允许用户登录。

③ 登录到：单击图 2-27 中的"登录到"按钮，弹出图 2-29 所示的对话框，若要限制用户只能从某台计算机登录，则选中"下列计算机"单选按钮，并在"计算机名"文本框中输入此计算机的名称并单击"添加"按钮，最后单击"确定"按钮完成设置。

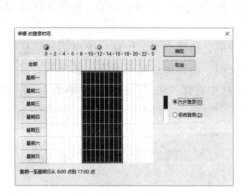

图 2-28　设置登录时间的对话框

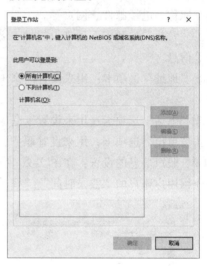

图 2-29　"登录工作站"对话框

（3）配置文件：选择图 2-26 中的"配置文件"选项卡，如图 2-30 所示，可以设置用户配置文件的路径和登录脚本。

（4）成员隶属：选择图 2-26 中的"隶属于"选项卡，如图 2-31 所示，可以规划该用户所属的组。在 Windows Server 2016 的内建组中各有各的权限，如果想让该用户具备某一权限，则可加入对应的组。

图 2-30　"配置文件"选项卡

图 2-31　"隶属于"选项卡

例如,如果希望用户李娜具有 Administrator 的权限,则应该将域用户李娜加入 Administrators 组。因此,单击"添加"按钮,弹出"选择组"对话框,如图 2-32 所示,在弹出的对话框中单击"高级"按钮,在弹出的对话框中单击"立即查找"按钮,显示出系统中所有的组合用户,如图 2-33 所示,找到 Administrators 组,双击后弹出图 2-34 所示的对话框。

最后单击"确定"按钮完成操作,会发现用户李娜同时隶属于 Domain Users 组和 Administrators 组,如图 2-35 所示。

图 2-32   "选择组"对话框   图 2-33   查找组

图 2-34   加入组   图 2-35   加入组后的对话框

3. 管理域用户账户

选择"服务器管理器"窗口中的"工具"→"Active Directory 用户和计算机"命令,弹出"Active Directory 用户和计算机"窗口,右击用户账户,并在弹出的快捷菜单中选择相应的选项来管理域用户账户，如图 2-36 所示。

（1）复制：可以复制具有相同属性的账户，简化管理员的工作。

（2）禁用账户：若账户在某一时间内不使用，则可以将其禁用，待需要使用时，再将其重新启用。在图 2-36 中看到的是"禁用账户"命令，如果该账户已被停用，则此处的命令会变为"启用账户"命令。

（3）重命名：可以为该账户重命名，由于其安全识别码（SID）并没有改变，因此其账户的属性、权限设置与组关系都不会受到影响。

（4）删除：可以将不再使用的账户删除，以免占用活动目录的空间。将账户删除后，即使再添加一个相同名称的账户，这个新账户也不会继承原账户的权限、权利与组关系，因为它们具有不同的 SID。

图 2-36　管理用户账户的控制台

（5）重设密码：当用户忘记密码或密码使用期限到期时，可以重新设置一个新的密码。

（6）解除被锁定的用户：在账户策略中可以设置用户输入密码失败多次时将该账户锁定。若用户账户被锁定，可以在"Active Directory 用户和计算机"窗口中右击该用户，并在弹出的快捷菜单中选择"属性"→"账户"命令，取消选中"账户被锁定"复选框即可。

步骤三：管理域组

1. 创建财务处组

（1）选择"服务器管理器"窗口中的"工具"→"Active Directory 用户和计算机"命令，弹出"Active Directory 用户和计算机"窗口，在"Active Directory 用户和计算机"窗口中右击域名或某个组织单位，在弹出的快捷菜单中选择"新建"→"组"命令，弹出图 2-37 所示的对话框。

（2）在"组名"文本框中输入域组的名称"财务处"，在"组名（Windows 2000 以前版本）"文本框中输入供旧操作系统访问的组名。

（3）在"组作用域"选项组中选择组的使用领域：本地域、全局或通用。

（4）在"组类型"选项组中选择组的类型：安全组或通讯组。

（5）单击"确定"按钮，完成域组的建立，用户可以看到自己的组，如图 2-38 所示。

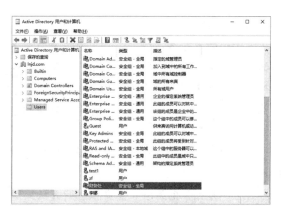

图 2-37 "新建对象-组"对话框   图 2-38 成功新建组

每个组账号添加完成后，系统都会为其建立一个唯一的安全识别码（SID），在 Windows Server 2016 系统内部都利用这个 SID 来表示该组，有关权限的设置等都是通过 SID 来设置的。

可以右击组账户，并在弹出的快捷菜单中选择"重命名"命令，以更改组账户名。由于更改名称后，在 Windows Server 2016 内部的安全识别码（SID）并没有改变，因此，此组账户的属性、权利与权限等设置都不变。

也可以右击要删除的组账户，并在弹出的快捷菜单中选择"删除"命令，以将组账户删除。将账户删除后，即使添加一个相同名称的组账户（SID 不同），也不会继承前一个被删除账户的权限和属性等设置。

2. 域组成员的添加

将用户账户"李娜"加入财务处域组中，在"Active Directory 用户和计算机"窗口中双击组织单位"财务处"，右击所选的域组，并在弹出的快捷菜单中选择"属性"命令，在弹出的对话框中选择"成员"选项卡，单击"添加"按钮，选中要被加入的成员"李娜"，如图 2-39 所示，再单击"确定"按钮完成设置，如图 2-40 所示。

图 2-39 选择"李娜"用户   图 2-40 将用户添加到组

3．本地组的建立

本地组建立在 Windows Server 2016 独立服务器或成员服务器的本地安全数据库中，而不是在域控制器中。本地组只能访问此组所在计算机内的资源，无法访问网络上的资源。

建议只在未加入域的计算机中建立本地账户，而不要在加入域的计算机中建立本地组账户，因为无法通过域中其他任何一台计算机来访问这些账户、设置这些账户的权限，因此这些账户无法访问域上的资源，同时，域系统管理员也无法管理这些本地组账户。

本地组中的成员可以是所属域中或所信任域中的用户账户、全局组、通用组以及本地用户账户。

建立本地账户的方法和建立域组的方法类似。

步骤四：把计算机加入域中

（1）域控制器安装完成后，需要将一个计算机加入到域中。右击桌面上的"计算机"图标，在弹出的快捷菜单中选择"属性"命令，再在弹出的对话框中选择"计算机名"选项卡，单击"更改"按钮。

（2）在图 2-41 中可以看出本机属于工作组，要想更改计算机名称或域名，单击"更改"按钮，弹出图 2-42 所示的对话框。

（3）在"计算机名/域更改"对话框中，可以更改计算机名称与成员隶属关系，要想让本机加入某一域，选中"域"单选按钮，然后输入域的名称，如 lnjd.com。要想设置变更主要 DNS 尾码的原则，可单击"其他"按钮进行设置。单击"确定"按钮后，系统会弹出一个要求输入用户账号与密码的对话框，输入一个具有执行加入域动作权利的用户账号。

（4）单击"确定"按钮完成加入域的操作。如果成功加入到域，则弹出"欢迎加入 LNJD 域"对话框。

另外，也可以在"Active Directory 用户及计算机"窗口的 Computers 中看到加入该域的计算机。

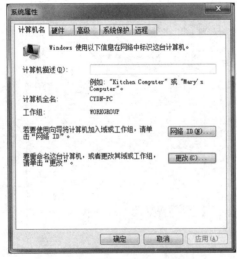

图 2-41　"计算机名"选项卡

图 2-42　"计算机名/域更改"对话框

步骤五：活动目录的删除

安装了活动目录的计算机就成了域控制器，用户也可以将域控制器降级为独立服务器或成员服务器。删除活动目录需要先将域控制器降级。

（1）选择"服务器管理器"窗口中的"管理"→"删除角色和功能"命令，弹出"开始之前"窗口，如图 2-43 所示，利用此向导可以删除系统中已经安装的功能。

图 2-43　"开始之前"窗口

（2）单击"下一步"按钮，弹出"选择目标服务器"窗口，如图 2-44 所示，选择为 IP 地址为 192.168.1.3 的计算机删除活动目录。

图 2-44　"选择目标服务器"窗口

（3）单击"下一步"按钮，弹出"删除服务器角色"窗口，如图 2-45 所示，取消选中"Active Directory 域服务"复选框，单击"下一步"按钮，弹出"删除需要 Active Directory 域服务的功能"对话框，如图 2-46 所示，单击"删除功能"按钮，弹出"验证结果"提示框，提示在删除 AD DS 角色之前，需要将 Active Directory 域控制器降级，如图 2-47 所示。

图 2-45　"删除服务器角色"窗口

图 2-46　确认删除对话框

图 2-47　"验证结果"提示框

（4）单击"确定"按钮，弹出图 2-48 所示的对话框，先降级 Active Directory 域控制器，如果域中只有一个域控制器，选中"域中的最后一个域控制器"复选框。

（5）单击"下一步"按钮，弹出"警告"窗口，如图 2-49 所示，提示当前域控制器承担的角色，选中"继续删除"复选框。

图 2-48　"凭据"窗口

图 2-49　"警告"窗口

（6）单击"下一步"按钮，弹出"删除选项"窗口，如图 2-50 所示，选中"删除此 DNS 区域"和"删除应用程序分区"复选框。

（7）单击"下一步"按钮，弹出"新管理员密码"窗口，如图2-51所示，降级域控制器会删除原来的管理员密码，为管理员设置新密码。

图2-50 "删除选项"窗口

图2-51 "新管理员密码"窗口

（8）单击"下一步"按钮，弹出"查看选项"窗口，如图2-52所示。

（9）单击"下一步"按钮，弹出"降级"窗口，如图2-53所示，单击"降级"按钮，开始降级操作。

图2-52 "查看选项"窗口

图2-53 "降级"窗口

（10）降级操作完成后，关闭窗口，重新运行"服务器管理器"窗口的删除角色和功能，取消选中"Active Directory 域服务"复选框，按照默认提示完成删除，删除后如图2-54所示。

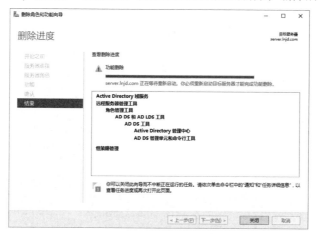

图2-54 删除活动目录窗口

技 能 训 练

1．训练目的

（1）了解活动目录作用。

（2）掌握 Windows Server 2016 中活动目录的安装方法。

（3）能够安装活动目录。

（4）掌握域用户和域组的建立与管理方法。

2．训练环境

（1）Windows Server 2016 系统的计算机。

（2）Windows 系统的计算机。

3．训练内容

（1）安装活动目录，DNS 名称是 linux.com。

（2）建立域用户 mark，登录时间是周一至周五的 9:00~18:00，再建立域用户 rose，隶属于 administrators 组。

（3）建立域组 lnjd，将用户 mark 加入该组。

（4）将 Windows 计算机加入到域 linux.com 中。

4．训练要求

实训分组进行，可以 2 人一组，小组讨论，决定方案后实施，教师在小组方案确定后给予指导，在学生出现问题时，引导学生独立解决问题。

5．训练总结

完成训练报告，总结项目实施中出现的问题。

单元 3 | 管理 Windows Server 2016 磁盘系统

本单元设置 3 个任务：任务 3 介绍了创建主磁盘分区、创建扩展磁盘分区、创建逻辑驱动器、删除分区和转换文件系统类型；任务 4 介绍了创建动态磁盘、创建带区卷、镜像卷、RAID-5卷、跨区卷和修复失败的卷；任务 5 介绍了设置磁盘配额、管理磁盘配额、进行磁盘碎片整理和查看报告。

任务 3　管理基本磁盘

学习目标

- 理解基本磁盘的概念。
- 能够创建主磁盘分区。
- 能够创建扩展磁盘分区。
- 能够创建逻辑驱动器。
- 能够将 FAT 文件系统格式转换为 NTFS。

任务引入

某公司网络管理员为公司职员进行基本磁盘分区管理，要求以 Windows Server 2016 网络操作系统为平台。

任务要求

（1）创建主要磁盘分区。

（2）创建扩展磁盘分区。

（3）创建逻辑驱动器。

（4）在创建磁盘分区时，选择了使用 FAT32 文件系统进行格式化，创建分区完成后可以使用 convert 命令将文件系统类型转换为 NTFS。

任务分析

基本磁盘主要包括主磁盘分区、扩展磁盘分区和逻辑驱动器的物理磁盘，在 Windows Server 2016 网络操作系统中，分区统称为卷，本任务首先创建简单卷，然后扩展、压缩、删除简单卷，完成对简单卷的管理，再将文件系统进行转换，最后创建扩展磁盘分区和逻辑启动器。

相关知识

在计算机网络系统中，磁盘资源占很重要的位置，如何规划出一套安全的数据存取机制是所有网络管理员需要关心的课题。Windows Server 2016 系统集成了许多系统管理方面的新特性和新功能。用户在使用磁盘管理程序之前，应先了解一些有关磁盘管理的基本知识以及 Windows Server 2016 采用的磁盘管理新技术，以便用户更好地对本地磁盘进行管理。

1. 磁盘管理的基本概念

Windows Server 2016 的磁盘管理支持基本磁盘和动态磁盘（Basic and Dynamic Storage）。任何一个添加到 Windows Server 2016 操作系统计算机中的硬盘都属于基本磁盘。动态磁盘是含有使用磁盘管理创建动态卷的物理磁盘，它不能含有磁盘分区和逻辑驱动器，也不能使用 MS-DOS 访问。

2. 基本磁盘

基本磁盘是传统的存储类型，所有版本的 Microsoft Windows 与 MS-DOS 都支持这种存储类型。基本磁盘使用磁盘分区（Partition）方式来分隔硬盘。磁盘分区是将硬件的一部分区域当作实体独立的存储单元。基本磁盘中可包含主磁盘分区、扩展磁盘分区和逻辑磁盘。

1）主磁盘分区

Windows Server 2016 可以使用主磁盘分区来启动计算机，开机时，系统会找到标识为 Active 的主磁盘分区来启动操作系统。因此，同一个磁盘上虽可规划多个主磁盘分区，但只有一个主磁盘分区能标识为 Active。在 Windows Server 2016 系统中最多可以创建 4 个主磁盘分区或 3 个主磁盘分区与 1 个扩展磁盘分区。

2）扩展磁盘分区

扩展磁盘分区由磁盘中可用的磁盘空间所创建。一个硬盘只能含有一个扩展磁盘分区，所以通常把所有剩余的硬盘空间包含在扩展磁盘分区中。

3）逻辑磁盘

主磁盘分区与扩展磁盘分区的不同之处在于扩展磁盘分区不必进行格式化与指定磁盘代码，因为还可以将扩展磁盘分区再分隔成数个区段，再分隔出来的每一个区段就是一个逻辑磁盘。可以指定每个逻辑磁盘的磁盘代码，也可以将各逻辑磁盘格式化成可使用的文件系统。

任务实施

步骤一：创建简单卷

（1）选择"服务器管理器"窗口中的"工具"→"计算机管理"命令，打开"计算机管理"窗口，如图 3-1 所示，展开"存储"结点，选择"磁盘管理"选项，如果是新建的硬盘，在右侧的窗格中会出现"未分配"区域。

右击该区域，在弹出的快捷菜单中选择"新建简单卷"命令，弹出"新建简单卷向导"对话框，如图 3-2 所示。

（2）单击"下一步"按钮，弹出"指定卷大小"窗口，如图 3-3 所示，在文本框中指定创建磁盘分区的大小，输入 5 000，即创建 5 000 MB 大小的驱动器。

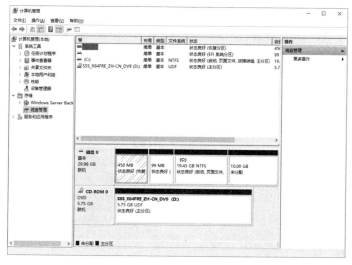

图 3-1　"计算机管理"窗口

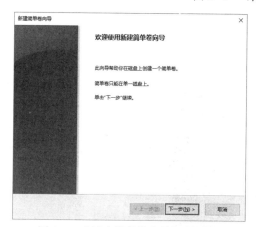

图 3-2　"新建简单卷向导"对话框

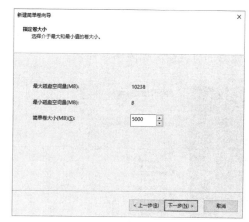

图 3-3　"指定卷大小"窗口

（3）单击"下一步"按钮，弹出"分配驱动器号和路径"窗口，如图 3-4 所示。在此，除了可以指定一个驱动器代号之外，也可以将该驱动器挂在一个支持路径的空文件夹中，这样可以节省一个驱动器号，而且使用这个文件夹时会对应到该驱动器。管理员采用系统默认的驱动器号 D。

（4）单击"下一步"按钮，弹出"格式化分区"窗口，如图 3-5 所示。

格式化分区可以选择的文件系统类型有 FAT、FAT32、NTFS 和 ReFS。ReFS 是 Windows Server 2016 系统全新设计的文件系统，名为 Resilient File System（ReFS），即弹性文件系统，以 NTFS 为基础构建而来，不仅保留了与最受欢迎文件系统的兼容性，同时可支持新一代存储技术与场景。

该文件系统设计目的是要提升可靠性，特别是发生电源断电或是媒介故障时（如磁盘的老化）。可靠性部分来自底层的变化，比如文件元数据的存储和更新。现在元数据的更新使用写时分配(allocate-on-write)方式，而不是以前的结合日志即时更新方式。主要优点包括：可靠、可扩展的磁盘结构；通过校验改善元数据完整性；通过 Integrity Streams 提供可选的用户数据完整性；强壮的磁盘更新；通过 Salvage 获得最大化可用性；支持更大体积的卷、目录以及文件；交互性与灵活性；代码重用与兼容性。

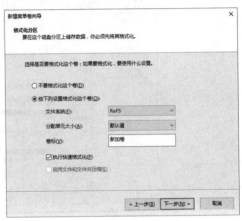

图 3-4 "分配驱动器号和路径"窗口　　　　图 3-5 "格式化分区"窗口

（5）单击"下一步"按钮，弹出创建简单卷的整体信息，如图 3-6 所示。

若没有错误，则单击"完成"按钮开始创建；否则单击"上一步"按钮重新规划。创建完成后磁盘的分区情况如图 3-7 所示。

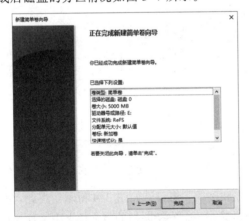
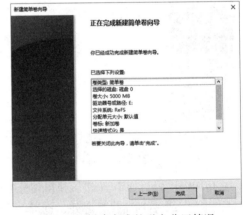

图 3-6 创建简单卷的信息　　　　图 3-7 创建完成的磁盘分区情况

步骤二：扩展简单卷

如果磁盘分区空间不够，用户可以向现有的简单卷中添加更多磁盘空间，使用扩展卷功能可以实现。扩展卷必须在文件系统是 NTFS 或者 ReFS 格式化后的简单卷上进行，如管理员要为驱动器 D 扩展 10 GB 空间：

（1）在"服务器管理器"窗口中的"工具"→"计算机管理"→"磁盘管理"控制台中，右击驱动器 D，选择"扩展卷"命令，弹出"扩展卷向导"对话框，如图 3-8 所示。

（2）单击"下一步"按钮，弹出"选择磁盘"窗口，如图 3-9 所示，显示磁盘卷大小是 6 000 MB，最大可用空间是 5 238 MB，管理员要为驱动器 D 扩展 1 000 MB 空间，所以在"选择空间量"文本框中输入 1 000 MB。

（3）单击"下一步"按钮，弹出"完成扩展卷向导" 窗口，如图 3-10 所示，提示已经选择磁盘 0。单击"完成"按钮，D 盘的空间扩展了 1 000 MB，如图 3-11 所示。

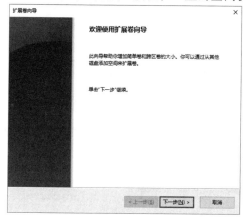

图 3-8 "扩展卷向导"对话框

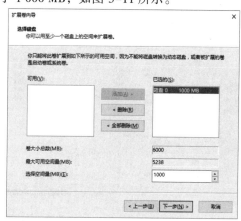

图 3-9 "选择磁盘"窗口

图 3-10 "完成扩展卷向导"窗口

图 3-11 完成后的磁盘扩展

步骤三：压缩简单卷

如果磁盘空间过大，也可以压缩简单卷。压缩分区时，将在磁盘上自动重定位一般文件以创建新的未分配空间，压缩空间无须重新格式化磁盘，如管理员要将 C 盘空间压缩 5 000 MB 空间：

（1）在"服务器管理器"窗口中的"工具"→"计算机管理"→"磁盘管理"控制台中，右击 C 盘，选择"压缩卷"命令，弹出"压缩"对话框，如图 3-12 所示。压缩前磁盘大小为 19 914 MB，在"输入压缩

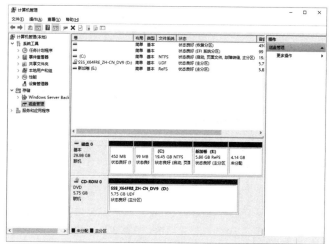

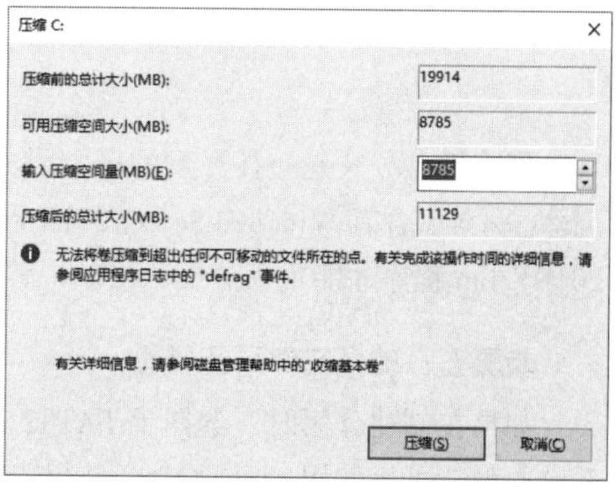

图 3-12 "压缩"对话框

空间量（MB）"文本框中输入 8 785，表示压缩 8 785 MB 空间大小。

（2）单击"完成"按钮，完成压缩，如图 3-13 所示，在 C 盘后出现一个未分配的磁盘，大小是 8.58 GB，即压缩后产生的分区。

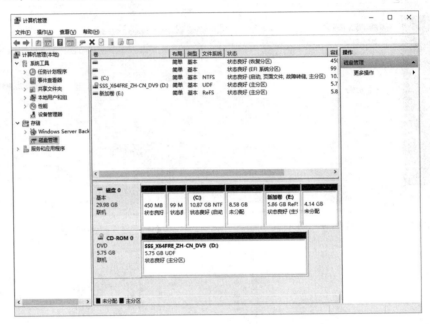

图 3-13　完成压缩

步骤四：删除简单卷

要想删除简单卷，右击想要删除的磁盘分区，在弹出的快捷菜单中选择"删除卷"命令，弹出图 3-14 所示的对话框。

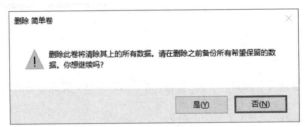

图 3-14　"删除简单卷"对话框

删除磁盘分区是一件严重的事，因为存储的数据会全部丢失，因此要再三考虑后才能予以删除。另外，含有 Windows Server 2016 系统文件的磁盘分区无法删除，必须使用 Windows Server 2016 Setup 程序才能重新分配。

步骤五：转换文件系统类型

如果在创建分区时，选择了 FAT32 文件系统类型，运行一段时间后，想转换为 NTFS 文件系统类型，可以使用 convert 命令进行转换，不影响该磁盘的程序和数据。

（1）单击任务栏左侧的"Windows PowerShell"按钮，弹出命令提示符窗口，输入 convert /? 命令查看该命令的帮助，如图 3-15 所示。

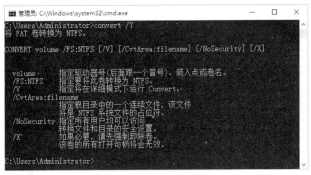

图 3-15 查看 convert 命令帮助

（2）要转换 F 盘，输入 convert f: /fs:ntfs 命令，再输入驱动器 E 的当前卷标，如图 3-16 所示。

图 3-16 执行 convert 命令

（3）输入驱动器 F 的卷标"新加卷"，或者右击驱动器 F，在弹出的快捷菜单中选择"属性"命令，弹出图 3-17 所示的对话框，将卷标"新加卷"删除，按【Enter】键后进行文件系统类型转换，如图 3-18 所示。

图 3-17 查看卷标

图 3-18 文件系统类型转换成功

任务 4　管理动态磁盘

学习目标
- 理解动态磁盘的概念。
- 能够创建动态磁盘。
- 能够创建简单卷。
- 能够创建跨区卷。

任务引入

某公司网络管理员为公司职员进行动态磁盘分区管理，要求以 Windows Server 2016 网络操作系统为平台。

任务要求

（1）创建动态磁盘。

（2）创建带区卷。

（3）创建镜像卷。

（4）创建 RAID-5 卷。

（5）创建跨区卷。

（6）修复失败的卷。

（7）创建存储池和虚拟磁盘。

任务分析

动态磁盘管理比较复杂，提供了数据的高安全性，本任务首先安装 3 块硬盘，然后将基本磁盘转换为动态磁盘，再创建带区卷、镜像卷、RAID-5 卷和跨区卷，最后对发生故障的磁盘进行修复，保障数据安全。

相关知识

动态磁盘只能包含动态卷（以磁盘管理所创建的卷），无法包含磁盘分区或逻辑驱动器，且只有 Windows 2000 以后的版本才支持这种类型的存储装置。动态磁盘具备一些基本磁盘所没有的优点，例如，可以调整动态磁盘空间大小而不用重启系统等。

1．简单卷

简单卷（Simple Volume）是含有单一磁盘的磁盘空间，因此没有容错能力（Fault-tolerant），通常通过镜像方式来提供容错能力。

2．跨区卷

跨区卷（Spanned Volume）可由多个磁盘的可用磁盘空间集合而成，最多可横跨 32 个实体驱动器，无法使用镜像的技术来进行容错处理。

3．带区卷

带区卷（Striped Volume）也由多个驱动器的可用磁盘空间集合而成，最多可横跨 32 个实体驱动器。与跨区卷不同的是，Windows Server 2016 会以等比率的方式将数据写入各磁盘，这样可使系统达到效能的最佳化。与跨区卷相同，它也不具有容错能力，相当于 RAID–0 结构。

4．镜像卷

镜像卷（Mirrored Volume）由两个相同的简单卷组成，每个简单卷存放在不同的实体驱动器上，由于一份数据存放在两个简单卷上，因此提供容错能力，相当于 RAID–1 结构。

5．RAID-5 卷

RAID–5 卷具有容错能力，因为 Windows Server 2016 会将奇偶校验（Parity Check）信息一起写入卷中。当 RAID–5 卷中的一个实体驱动器失效时，系统可由奇偶校验信息将数据还原，因此使用 RAID–5 最少需要 3 个硬盘。

 **任务实施**

步骤一：创建动态磁盘

新建硬盘都是基本磁盘的形态，因此必须使用升级的方式将基本磁盘升级为动态磁盘。任何时候用户都可以进行这样的转换而不会丢失任何数据，但在升级以前最好关闭在该磁盘上所执行的程序。因为基本磁盘与动态磁盘的磁区有所不同，因此在基本磁盘中的系统分区（System Partition）、启动分区（Boot Partition）、主要分区（Primary Partition）、逻辑驱动器都将转换为动态磁盘的简单卷（Simple Volume）。下面将系统中新添加的 3 块硬盘升级到动态磁盘：

（1）右击"磁盘 1"，在弹出的快捷菜单中选择"转换到动态磁盘"命令，如图 3–19 所示。

扫一扫

任务4
管理动态磁盘

图 3–19　选择"转换到动态磁盘"命令

（2）弹出"转换为动态磁盘"对话框，如图 3-20 所示，选中"磁盘 1""磁盘 2""磁盘 3"复选框。

（3）单击"确定"按钮开始转换，转换为动态磁盘后如图 3-21 所示，磁盘类型显示为动态。

（4）右击动态磁盘，在弹出的快捷菜单中选择"新建带区卷"命令，弹出"新建带区卷"对话框，如图 3-22 所示。

图 3-20 "转换为动态磁盘"对话框

（5）单击"下一步"按钮，弹出"选择磁盘"对话框，如图 3-23 所示，利用"添加"按钮，将左侧选项框的"可用"磁盘 2 和磁盘 3 添加到右侧 "已选的"选项框中，并在"选择空间量"文本框中输入 5000，表示每个磁盘占用 5 000 MB 空间创建带区卷。

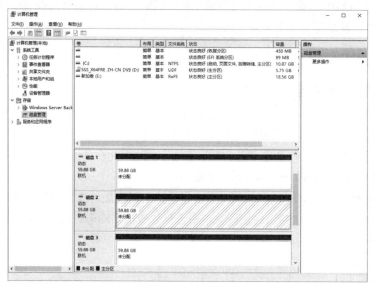

图 3-21 将基本磁盘升级为动态磁盘

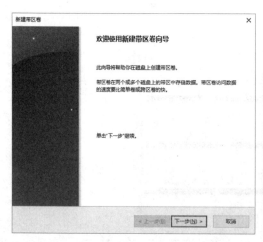

图 3-22 "新建带区卷"对话框

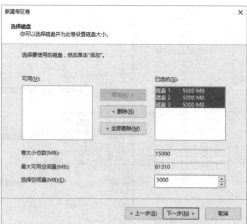

图 3-23 "选择磁盘"对话框

步骤二：创建带区卷

（1）单击"下一步"按钮，弹出"分配驱动器号和路径"对话框，如图 3-24 所示。在此，除了可以指定一个驱动器代号之外，也可以将该驱动器挂在一个支持路径的空文件夹中，这样可以节省一个驱动器号，而且使用这个文件夹时就会对应到该驱动器。管理员采用系统默认的驱动器号 G。

（2）单击"下一步"按钮，弹出"卷区格式化"对话框，如图 3-25 所示。

图 3-24　"分配驱动器号和路径" 对话框　　　　图 3-25　"卷区格式化"对话框

（3）单击"下一步"按钮，弹出"新建带区卷"的整体信息，如图 3-26 所示。

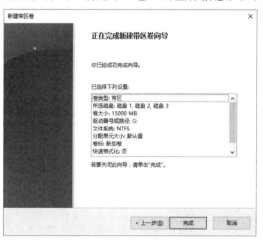

图 3-26　新建的带区卷信息

（4）单击"完成"按钮即可完成设置，如图 3-27 所示，在系统中增加了一个 G 盘，容量是 15 000 MB，带区卷能提高硬盘读取速度，但是没有容错功能，如果一块磁盘损坏，整个数据都被破坏。

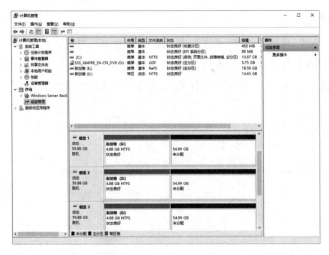

图 3-27　创建的带区卷

步骤三：创建镜像卷

（1）右击动态磁盘，在弹出的快捷菜单中选择"新建镜像卷"命令，弹出"新建镜像卷"对话框，如图 3-28 所示。

（2）单击"下一步"按钮，弹出"选择磁盘"对话框，如图 3-29 所示，利用"添加"按钮，将左侧选项框的"可用"磁盘 2 添加到右侧"已选的"选项框中，并且只能添加一块硬盘，共两个硬盘创建镜像卷，并在"选择空间量"文本框中输入 5 000，表示每个磁盘占用 5 000 MB 空间创建镜像卷。

图 3-28　"新建镜像卷"对话框

图 3-29　"选择磁盘"对话框

（3）单击"下一步"按钮，进入"分配驱动器号和路径"对话框，如图 3-30 所示。在此，除了可以指定一个驱动器代号之外，也可以将该驱动器挂在一个支持路径的空文件夹中，这样可以节省一个驱动器号，而且使用这个文件夹时就会对应到该驱动器。管理员采用系统默认的驱动器号 H。

（4）单击"下一步"按钮，弹出"卷区格式化"对话框，如图 3-31 所示。

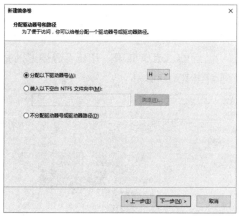

图 3-30　"分配驱动器号和路径" 对话框

图 3-31　"卷区格式化"对话框

（5）单击"下一步"按钮，弹出新建镜像卷的整体信息，如图 3-32 所示。

（6）单击"完成"按钮即可完成设置，如图 3-33 所示，在系统中增加了一个 H 盘，容量是 5 000 MB，镜像卷的各分区大小都是相同的，逻辑盘的可用容量只是一个镜像的大小，另一个镜像卷是副本，磁盘最大利用率只要 50%。镜像卷提高了读性能，因为驱动程序同时从两个磁盘成员中读取数据。当然，由于也同时向两个成员写数据，所以它的写性能会略有降低。

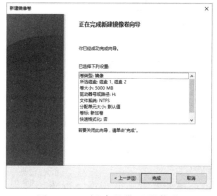

图 3-32　新建的带区卷信息

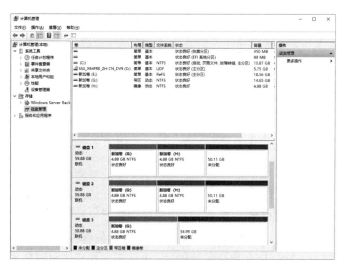

图 3-33　创建的镜像卷

步骤四：创建 RAID-5 卷

（1）右击动态磁盘，在弹出的快捷菜单中选择"新建 RAID-5 卷"命令，弹出"新建 RAID-5

卷"对话框,如图 3-34 所示。

（2）单击"下一步"按钮,弹出"选择磁盘"对话框,如图 3-35 所示,利用"添加"按钮,将左侧选项框的"可用"磁盘 2 和磁盘 3 添加到右侧"已选的"选项框中,并在"选择空间量"文本框中输入 5 000,表示每个磁盘占用 5 000 MB 空间创建 RAID-5 卷。

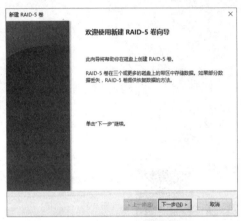
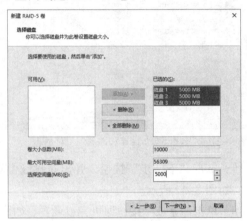

图 3-34 "新建 RAID-5 卷"对话框   图 3-35 "选择磁盘"对话框

（3）单击"下一步"按钮,进入"分配驱动器号和路径"对话框,如图 3-36 所示。在此,除了可以指定一个驱动器代号之外,也可以将该驱动器挂在一个支持路径的空文件夹中,这样可以节省一个驱动器号,而且使用这个文件夹时就会对应到该驱动器。管理员采用系统默认的驱动器号 I。

（4）单击"下一步"按钮,弹出"卷区格式化"对话框,如图 3-37 所示。

图 3-36 "分配驱动器号和路径"对话框   图 3-37 "卷区格式化"对话框

（5）单击"下一步"按钮,弹出新建 RAID-5 卷的整体信息,如图 3-38 所示。

（6）单击"完成"按钮即可完成设置,如图 3-39 所示,在系统中增加了一个 I 盘,容量是 10 000 MB,是两个磁盘的容量。RAID-5 卷是含有奇偶校验值的带区卷,每一个磁盘有一个奇偶校验值。阵列中任意一块磁盘失败时,都可以由其他磁盘中的信息做运算,并将失败的磁盘中的数据恢复。RAID-5 可以理解为 RAID-0 和 RAID-1 的折中方案。RAID-5 可以为系统提供数据安全保障，但保障程度比镜像卷低而磁盘空间利用率比镜像卷高。RAID-5 具有和 RAID-0 相近似的数据读取速度，只是多了一个奇偶校验信息，写入数据的速度比对单个磁盘进行写入操作稍慢。同时由于多个数据对应一个奇偶校验信息，RAID-5 的磁盘空间利用率比 RAID 1 高，存储成本相对较低，是目前运用较多的一种解决方案。

图 3-38　新建的带区卷信息

图 3-39　创建的 RAID-5 卷

步骤五：创建跨区卷

跨区卷主要用于收集各磁盘中未配置的空间来组成一个卷，提高磁盘利用率。

（1）右击动态磁盘，在弹出的快捷菜单中选择"新建跨区卷"命令，弹出"新建跨区卷"对话框，如图 3-40 所示。

（2）单击"下一步"按钮，弹出"选择磁盘"对话框，如图 3-41 所示，利用"添加"按钮，将左侧窗格的"可用"磁盘 2 和磁盘 3 添加到右侧"已选的"窗格中，然后选择磁盘 1 中 2 000 MB 空间，磁盘 2 中 3 000 MB 空间，磁盘 3 中 4 000 MB 空间来创建跨区卷。

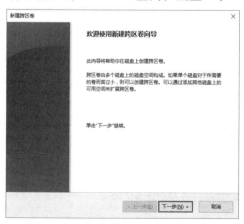

图 3-40　"新建跨区卷向导"对话框

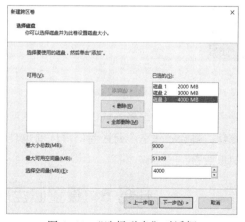

图 3-41　"选择磁盘"对话框

（3）单击"下一步"按钮，进入"分配驱动器号和路径"对话框，如图 3-42 所示。在此，除了可以指定一个驱动器代号之外，也可以将该驱动器挂在一个支持路径的空文件夹中，这样可以节省一个驱动器号，而且使用这个文件夹时就会对应到该驱动器。管理员采用系统默认的驱动器号 J。

（4）单击"下一步"按钮，弹出"卷区格式化"对话框，如图 3-43 所示。

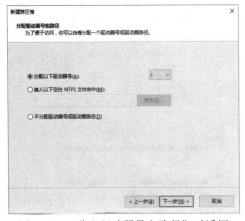 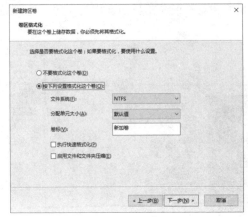

图 3-42　"分配驱动器号和路径"对话框　　　　图 3-43　"卷区格式化"对话框

（5）单击"下一步"按钮，弹出新建跨区卷的整体信息，如图 3-44 所示。

（6）单击"完成"按钮即可完成设置，如图 3-45 所示，在系统中增加了一个 J 盘，容量是 8 000 MB，是 3 个磁盘的容量。

 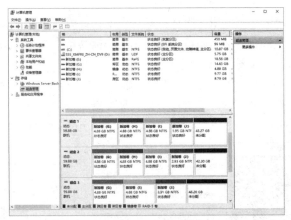

图 3-44　新建的跨区卷摘要信息　　　　　图 3-45　创建的跨区卷

跨区卷可以让用户将不同的实体以磁盘逻辑的方式结合起来，但只要删除跨区卷中的任意一个磁盘，就会删除整个跨区卷。跨区卷也具有动态磁盘的好处，就是当空间不足时可以动态地增加扩展卷。

任务 5　设置磁盘配额与磁盘碎片整理

学习目标

- 理解磁盘配额的作用。
- 能够配置磁盘配额。

- 理解磁盘碎片整理的作用。
- 能够使用磁盘碎片整理工具进行磁盘整理。

任务引入

某公司网络管理员为公司职员进行磁盘空间使用限制，并进行磁盘碎片整理，提高磁盘利用率，要求以 Windows Server 2016 网络操作系统为平台。

任务要求

（1）实现磁盘配额。

（2）整理磁盘碎片。

任务分析

要对某一职员进行磁盘空间使用限制，可以使用磁盘空间配额功能来实现。如果对所有的普通账户进行硬盘容量限制，可以直接启动硬盘分区的磁盘配额。如果对某一账户进行硬盘容量限制，需要选择用户，然后针对这一用户进行限制。最后进行磁盘碎片整理。

相关知识

1．磁盘配额概念

磁盘空间配额指系统管理员可以根据用户所拥有的文件与文件夹来配置对磁盘空间的使用。系统管理员可以根据磁盘空间配额功能来设置用户磁盘空间的大小，警告某一用户已快达到磁盘空间配额的限制，记录用户超过磁盘空间配额限制的事件。

2．磁盘配额与用户的关系

在 Windows Server 2016 中，每个用户的磁盘配额都是独立的，一个用户磁盘配额使用情况的变化不会影响其他用户。例如，一个用户已经设定配额为 100 MB，然后将 100 MB 的文件存储到卷 D，如果不先从中删除或移动一些现有的文件，这个用户不能将额外的数据写到此卷中，但是，其他用户可以继续在那个卷中拥有 100 MB 的磁盘空间。

磁盘配额根据文件的所有权，与卷中用户文件的文件夹位置无关。例如，如果用户将同卷中的文件从一个文件夹移到另一个文件夹，卷空间的使用并不改变。然而，如果用户将文件复制到相同卷的不同文件夹，则卷空间使用加倍。

3．用户活动对磁盘配额的影响

在 Windows Server 2016 中，用户活动将会影响到磁盘配额。如下两种情况都将导致磁盘空间被文件占据，系统管理员可按照用户配额来限制：

（1）用户复制或存储新文件到 NTFS 卷。

（2）用户获得 NTFS 卷中文件的所有权。

如果用户 A 获得用户 B 复制到卷中 6 KB 文件的所有权，则用户 B 的磁盘使用空间降低了 6 KB，用户 A 的磁盘使用空间增加了 6 KB。

如果修改其他人所拥有的文件，磁盘空间不分给用户。例如，管理员在服务器上创建了

10 MB 的工程文件，组中的每个成员可以更新此文件，与成员的配额状态无关。文件大小则被分给管理员，因为管理员拥有此文件。

4．磁盘碎片整理程序

当计算机运行一段时间后，可能会因为数据不断新建、删除、修改等因素导致磁盘上所使用的空间区域互不相连，最后会由于这些文件夹的各处分散而影响数据存取的速度。为了解决这个问题，必须将磁盘重新整理，让各处存储的文件能够存储在一块连续的区域中，这样的过程称为重组。

任务实施

步骤一：打开"配额"选项卡

打开"计算机"窗口，选择磁盘 E 属性对话框中的"配额"选项卡，如图 3-46 所示。

选中"启用配额管理"复选框，此时对话框下方所有不可用的选项都会变为可用。各选项的意义说明如下：

（1）拒绝将磁盘空间给超过配额限制的用户。选中该复选框，当用户超过配额限制时会出现超过磁盘配额的信息，并且无法写入文件。

（2）不限制磁盘使用。选中本单选按钮将不限制用户所使用的磁盘空间。

（3）将磁盘空间限制为。选中本单选按钮并输入限制用户能够使用磁盘空间总量的数目。

（4）将警告等级设为。设置用户所使用的磁盘空间总量到达某一数目时发出警告。

（5）用户超出配额限制时记录事件。选中该复选框，Windows Server 2016 会在用户超过配额限制时记录该事件。

（6）用户超出警告等级时记录事件。选中该复选框，Windows Server 2016 会在用户超过警告等级时记录该事件。如果将某用户的 E 盘使用空间设置限制为 10 MB，警告等级限制为 9 MB，对话框设置如图 3-47 所示。

图 3-46 "配额"选项卡

图 3-47 设置磁盘配额

步骤二：设置和查看磁盘配额限制

在图 3-47 所示的对话框中单击"配额项"按钮，弹出图 3-48 所示的窗口，用户可以设置和查看对特定用户实施不同的磁盘配额限制。

可以从图 3-48 所示的图标了解磁盘配额的使用状态。如果是黄色，则表示 Windows Server 2016 用户已经超过磁盘配额设置的警告等级磁盘空间大小；如果是红色，则表示已经超过磁盘配额系统设置的磁盘空间大小，无法再向该磁盘复制内容。单击"确定"按钮即可启动磁盘配额系统，启动之后，Windows 会根据各个用户所拥有的文件与目录来统计所使用的磁盘空间，所以可能需要一段时间。

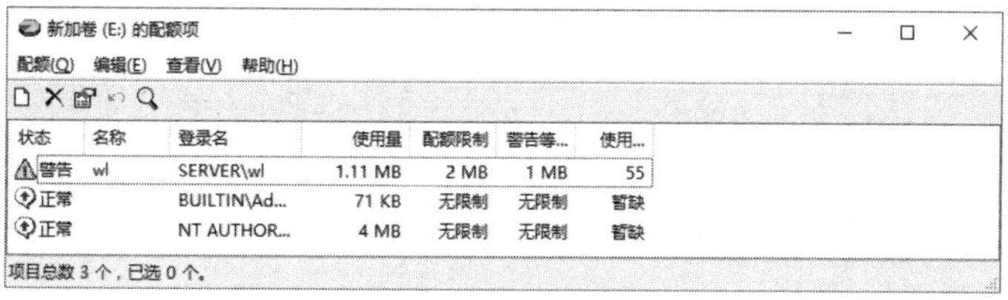

图 3-48 配额项目窗口

在该窗口中可以看到所有用户的磁盘总量与使用的状态，也可以为特定的用户设置磁盘配额。设置方法如下：

（1）选择"配额"→"新建配额项"命令，弹出"选择用户"对话框，如图 3-49 所示。

（2）单击"高级"按钮，在弹出的对话框中单击"立即查找"按钮，在弹出对话框中选择要设置磁盘配额的用户 wl，如图 3-50 所示。

图 3-49 "选择用户"对话框

图 3-50 选择用户 wl

（3）单击"确定"按钮，弹出"添加新配额项"对话框，如图 3-51 所示。

单击"确定"按钮以添加新配额，新建之后在远程以 wl 登录该系统，查看 E 盘的空间显示

2 M，如图 3-52 所示，而不是显示实际的空间，如果向 E 盘写入大于 2 MB 的文件，会出现警告对话框，如图 3-53 所示。

图 3-51　"添加新配额项"对话框

图 3-52　查看设置配额后的磁盘空间大小

最后，如果想停止磁盘配额功能，在磁盘属性对话框的"配额"选项卡中取消选中"启用配额管理"复选框即可。

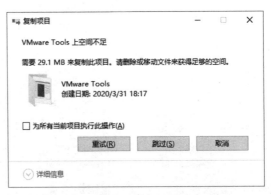

图 3-53　超过磁盘配额的警告提示框

步骤三：使用图形化工具进行磁盘碎片整理

（1）打开"计算机"窗口，右击需要磁盘碎片整理的盘符，如 C 盘，选择"属性"命令，在弹出的对话框中选择"工具"选项卡，如图 3-54 所示。

（2）单击"对驱动器进行优化和碎片整理"下的"优化"按钮可以对磁盘进行分析和优化，如图 3-55 所示。

图 3-54　"工具"选项卡

图 3-55　进行驱动器优化

选择要进行重整的磁盘，单击"分析"按钮查看该磁盘中存储文件的分布状况，Windows Server 2016 会给出一个建议，如果需要碎片整理，单击"优化"按钮可以进行碎片整理。碎片整理完毕后，磁盘上所使用的空间区域相连，提高了数据存取的速度。

步骤四：使用 defrag 命令进行磁盘碎片整理

（1）按【Win+R】组合键，打开"运行"窗口，输入 cmd，打开命令提示符窗口，输入 defrag 命令，查看该命令使用方法，如图 3-56 所示。

图 3-56　查看 defrag 命令的使用方法

（2）输入 defrag –A C：命令。可以分析 C 盘是否需要优化，如图 3-57 所示。

（3）如果分析的结果是需要优化，执行 defrag –X C：命令，执行碎片整理，如图 3–58 所示。

图 3–57　分析 C 盘是否需要优化　　　　　图 3–58　执行碎片整理

技 能 训 练

1．训练目的

（1）了解基本磁盘管理与动态磁盘的优缺点。

（2）掌握基本磁盘管理的方法。

（3）掌握动态磁盘管理的方法。

（4）掌握创建存储池和虚拟磁盘的方法。

2．训练环境

Windows Server 2016 计算机。

3．训练内容

（1）创建主磁盘分区 G，分区大小为 40 GB；创建扩展磁盘分区，并创建逻辑驱动器 I，大小为 20 GB，并将文件系统类型转换为 NTFS。

（2）创建带区卷、镜像卷、RAID–5 卷、跨区卷，大小分别是 20 GB。

（3）创建存储池和虚拟磁盘，并创建驱动器 O，大小是 20 GB。

（4）创建用户 Jerry，为该用户设置磁盘配额 100 MB，并进行验证。

4．训练要求

实训分组进行，可以 2 人一组，小组讨论，决定方案后实施，教师在小组方案确定后给予指导，在学生出现问题时，引导学生独立解决问题。

5．训练总结

完成训练报告，总结项目实施中出现的问题。

本单元设置 3 个任务，任务 6 介绍了设置 NTFS 文件夹权限、设置文件权限、设置特殊访问权限、设置共享文件夹权限与 NTFS 文件系统权限的组合、设置文件和文件夹的所有权和文件复制或移动后权限的变化；任务 7 介绍了数据压缩和解压、数据加密与解密；任务 8 介绍了新建共享文件夹、停用共享文件夹、发布共享文件夹、监控共享文件夹和映射网络驱动器。

任务 6　　管理资源访问权限

学习目标

- 理解 NTFS 权限。
- 能够设置 NTFS 权限。
- 能够管理 NTFS 权限。

任务引入

某公司网络管理员管理公司文件，为了保证数据安全，需要对文件夹和文件进行权限管理，要求以 Windows Server 2016 网络操作系统为平台。

任务要求

（1）设置文件夹权限。
（2）取消文件夹继承权限。
（3）设置文件与文件夹的所有权。

任务分析

系统中创建了 software 文件夹，为用户 user1 分配完全控制权限，为用户 user2 分配读取权限，为用户 user3 分配写入权限，并进行验证；取消 user3 对文件夹 software 的继承权限，并将所有权分配给 User3。

相关知识

在网络中，有些数据（如应用软件安装程序）为多数用户所共享，分别保存将浪费大量宝贵的存储空间，因此，集中存储和资源共享就显得非常重要。文件服务器配置有 RAID 卡和高速的大容量硬盘，既可保证数据存储的安全，又可避免由于硬盘损坏造成的数据丢失，并设置有严格的权限策略，从而有效地保证了数据的访问安全，使用户可以随时高速存储和访问文件服务器的数据资料。

1. 文件系统简介

当用户往磁盘里存储文件时，文件都是按照某种格式存储到磁盘上的，这种格式就是文件系统。在 Windows 操作系统中，常见的文件系统又分 FAT16、FAT32、NTFS，这 3 种文件系统的区别主要体现在与系统的兼容性、使用效率、文件系统安全性和支持磁盘的容量几个方面。

1）FAT16 文件系统

FAT16 是用户早期使用的 DOS、Windows 95 使用的文件系统，现在常用的 Windows XP 等操作系统都支持 FAT16 文件系统。它最大可以管理 2 GB 的分区，容错性较差，不支持长文件名，不支持磁盘配额功能，不支持文件访问权限和文件加密。

2）FAT32 文件系统

FAT32 是 FAT16 的增强版，最大容量为 2 TB，容错性较差，支持长文件名，不支持磁盘配额，不支持文件访问权限设置和文件加密。

3）NTFS 文件系统

NTFS 文件系统是功能优秀的一种文件系统，最大容量为 16 EB，容错性较好，支持长文件名，支持磁盘配额功能，支持文件访问权限设置和文件加密。

4）ReFS 文件系统

ReFS 是从 Windows Server 2016 系统开始全新设计的文件系统，名为 Resilient File System（ReFS），即弹性文件系统，以 NTFS 为基础构建而来，不仅保留了与最受欢迎文件系统的兼容性，同时可支持新一代存储技术与场景。

2. NTFS 权限概述

NTFS 是从 Windows NT 开始引入的文件系统。借助于 NTFS，用户不仅可以为文件夹授权，还可以为单个的文件授权，使得对用户访问权限的控制变得更加细致。NTFS 还支持数据压缩和磁盘限额，从而可以进一步高效地使用硬盘空间。除此之外，NTFS 还可对文件系统进行透明加密，从而使保存的文件数据更加安全。因此，Windows Server 2016 服务器应当采用 NTFS 文件系统，以实现对资源的安全访问。

利用 NTFS 权限可以控制用户账号以及对文件夹和文件的访问。但 NTFS 权限只适用于 NTFS 磁盘分区，而不适用于 FAT 或 FAT32 文件系统。Windows Server 2016 只为 NTFS 格式的磁盘分区提供 NTFS 权限。为了保护 NTFS 磁盘分区上的文件和文件夹，需要为访问该资源的每一个用户账号授予 NTFS 权限。用户必须获得明确的授权才能访问资源。用户账号如果没有被组授予权限，就不能访问相应的文件或文件夹。

对于 NTFS 磁盘分区上的第一个文件和文件夹，NTFS 都存储一个远程访问控制列表（ACL）。远程控制列表中包含那些被授权访问该文件或者文件夹的所有用户账号、组和计算机，还包含被授予的访问类型。为了让一个用户访问某个文件或文件夹，针对相应的用户账号、组，或者该用户所属的计算机，ACL 必须包含一个对应的元素，这样的元素称为访问控制元素（ACE）。

为了让用户能够访问文件或文件夹，访问控制元素必须具有用户所请求的访问类型。如果 ACL 没有相应的 ACE 存在，Windows Server 2016 就拒绝该用户访问相应的资源。

3．NTFS 权限的类型

在 NTFS 分区中，可以分别对文件与文件夹设置 NTFS 权限。不过尽量不要采用直接为文件设置权限的方式，最好将文件放于文件夹中，然后对该文件夹设置权限。

NTFS 文件权限主要有以下几种类型：

（1）读取。该权限可以读该文件的数据、查看文件属性、查看文件的所有者及权限。

（2）写入。该权限可以更改或覆盖文件的内容，更改文件属性、查看文件的所有者及权限。

（3）读取及运行。该权限拥有"读取"的所有权限，还具有运行应用程序的权限。

（4）修改。该权限拥有"读取""写入"和"读取及运行"的所有权限，并可以修改和删除文件。

（5）完全控制。该权限拥有所有的 NTFS 文件权限，不仅具有前述的所有权限，而且具有更改权限和取得所有权的权限。

NTFS 文件夹权限主要有以下几种类型：

（1）读取。该权限可以查看该文件夹中的文件和子文件夹，查看文件夹的所有者、属性（如只读、隐藏、存档和系统）和查看文件夹的权限。

（2）写入。该权限可以向文件夹中添加文件和子文件夹、更改文件夹属性、查看文件夹的所有者和文件夹的权限。

（3）列出文件夹目录。该权限拥有"读取"的所有权限，并且还具有"遍历子文件夹"的权限，也就是具备进入子文件夹的功能。

（4）读取及运行。该权限拥有"读取"和"列出文件夹目录"的所有权限，只是在继承方面有所不同。"列出文件夹目录"权限仅由文件夹继承，而"读取和执行"权限是由文件夹和文件同时继承的。

（5）修改。拥有"写入"及"读取及执行"的所有权限，还可删除文件夹。

（6）完全控制。拥有所有 NTFS 文件夹的权限，另外还拥有"更改"与"取得所有权"的权限。

4．多重 NTFS 权限

可以为每个单独的用户账号和该用户所属的组指定权限，从而为一个用户账户指定多个用户权限。在此之前，需要理解如何指定 NTFS 权限和组合多个权限相关的规则和优先级，并了解 NTFS 权限的继承性。

1）权限是累积的

用户对一个资源的最终权限是为该用户指定的全部 NTFS 权限和为该用户所属组指定的全部 NTFS 权限的和。如果一位用户有一个文件夹的读取权限，同时又对该文件夹有写入权限，则该用户对这个文件夹既有读取权限，又有写入权限。

例如，用户李娜分属教务处组和财务处组。其中教务处组对 shared 文件夹拥有写入权限，财务处组对 shared 文件夹拥有读取权限，那么用户李娜对 shared 文件夹拥有读写权限。

2）文件权限优先于文件夹权限

NTFS 文件权限优先于 NTFS 文件夹权限。用户只要有访问一个文件的权限，即使没有访问该文件所在文件夹的权限，仍然可以访问该文件。用户可以通过使用通用命令规则（UNC）或本地路径，通过各自的应用程序打开有权访问的文件。即使该用户由于没有包含该文件夹的权限而看不到该文件夹，仍可以访问那些文件。也就是说，如果没有访问包含打算访问的文件所在的文件夹权限，就必须知道该文件的完整路径才能访问它。没有访问该文件夹的权限就不能看到该文件夹，也就不能通过网上邻居等方式进行浏览访问。

例如，files2 属于 shared 文件夹，并且教务处组对 shared 文件夹拥有写入权限，但是，假如教务处组只对 files2 拥有读取权限，那么用户李娜也将只拥有对 files2 的读取权限。

3）拒绝权限优先于其他权限

拒绝权限是拒绝某个用户账号或用户组对某个特定文件的访问权限。拒绝权限优先于所有允许权限。即使用户作为一个用户组的成员有权访问文件或文件夹，但是一旦为该用户设定拒绝权限，就剥夺了该用户可能拥有的任何其他权限。应当尽量避免使用拒绝权限，因为允许用户和组进行某种访问比明确拒绝其进行某种访问更容易做到。事实上，只需要巧妙地构造组和组织文件夹中的资源，即可通过各种各样的"允许"权限满足访问控制的需要。

例如，shared 文件夹中有文件 files1 和文件 files2，用户李娜同时属于教务处组和财务处组。其中，李娜拥有对 shared 的读取权限，教务处组拥有对 shared 的读取和写入权限，财务处组则被禁止对 files2 的写入操作。因此，李娜拥有对 shared 和 files1 的读取和写入权限，但对 files2 只有读取权限。

5．权限的继承性

默认情况下，为父文件夹指定的权限会由其所包含的文件夹和文件继承并传播给它们。当然，也可以根据需要限制这种权限继承。

1）权限继承

文件和子文件夹从它们的父文件夹继承权限，为父文件夹指定的任何权限也适用于在该父文件夹中所包含的子文件夹和文件。当为一个 NTFS 文件夹指定权限时，不仅为该文件夹及其中所包含的文件和子文件夹指定了权限，同时也为在该文件夹中创建的所有新文件和文件夹指定了权限。默认状态下，所有文件夹和文件都从其父文件夹继承权限。

例如，shared 文件夹中有文件 files1、files2 和子文件夹 sub。当允许权限继承时，为 shared 设置的访问权限将自动被传递给 files1、sub 和 files2。也就是说，子文件夹 sub 和文件 files1、files2 将自动取得为父文件夹 shared 设置的访问权限。

2）禁止权限继承

可以禁止将指定给一个父文件夹的权限被这个文件夹中的子文件夹和文件继承。

例如，当禁止权限继承时，为 shared 设置的访问权限将不被传递给 files1、sub 和 files2。也就是说，子文件夹 sub 和文件 files1、files2 不能自动取得为父文件夹 shared 设置的访问权限，必须一一为这些子文件夹和文件设置访问权限。

若要禁止权限继承，只需要在其属性对话框的"安全"选项卡中取消选中"允许将来自父系的可继承权限传播给该对象"复选框即可。

扫一扫●

任务6
管理资源访问
权限

任务实施

在 NTFS 磁盘中，系统会自动设置默认的权限值，并且这些权限会被其子文件夹和文件所继承。为了控制用户对某个文件夹以及该文件夹中的文件和子文件的访问，需要指定文件夹权限。不过，要设置文件或文件夹的权限，必须是 Administrators 组的成员、文件或文件夹的所有具备完全控制权限的用户。

步骤一：设置 software 文件夹权限

（1）创建 3 个用户 user1、user2 和 user3，如图 4-1 所示。

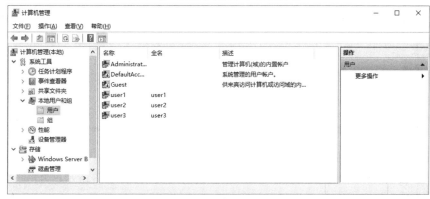

图 4-1　创建 3 个用户

（2）设置文件或目录的存取权限可在 Windows 资源管理器或"计算机"窗口中进行设置。建立一个 software 文件夹，然后右击该文件夹并在弹出的快捷菜单中选择"属性"命令，在弹出的对话框中选择"安全"选项卡，如图 4-2 所示。

在图 4-2 所示的对话框中，上方的列表框为 software 文件夹所指派权限的用户与组，而下方所列的列表框为上方的用户或组相对应的权限。用户或组对于文件夹的权限可分为：

① 完全控制。用户拥有该文件夹的最高权限。

② 修改。用户可以在该文件夹下加入子文件夹、更改名称以及读取所拥有的文件夹。

③ 读取和执行。可读取及执行文件夹中的文件。

④ 列出文件夹内容。可以浏览文件夹与其子文件夹的目录内容，但不具有在该文件夹中建立子文件夹的权利。

⑤ 读取。用户可读取文件夹中的文件数据。

⑥ 写入。用户具有读取与可在文件夹中建立子文件夹和文件的权限。

图 4-2　"安全"选项卡

⑦ 特殊权限。特殊权限有 3 个，分别是读取权限、更改权限和获得所有权。

（3）单击"编辑"按钮，弹出图 4-3 所示的对话框，再单击"添加"按钮，此时弹出"选择用户或组"对话框，如图 4-4 所示，输入用户名 user1；或者单击"高级"按钮，再单击"立即查找"按钮，选中用户 user1。

图 4-3　权限设置对话框　　　　　　　　　　图 4-4　选择用户 user1

（4）单击"确定"按钮，为用户 user1 选择权限，在"允许"下选择完全控制权限，如图 4-5 所示。按照同样的方法，为用户 user2 设置读取权限，如图 4-6 所示；为用户 user3 设置写入权限，如图 4-7 所示。

图 4-5　为 user1 设置权限　　　　图 4-6　为 user2 设置权限　　　　图 4-7　为 user3 设置权限

（5）将系统注销，使用 user1 登录，成功新建文件 u1test.txt，并具有创建文件夹和其他文件权限，如图 4-8 所示。

（6）使用 user2 登录，进入文件夹 software，发现不能建立文件，只能建立文件夹，如图 4-9 所示，验证成功。

图 4-8　user1 的权限验证

图 4-9　user2 的权限验证成功

（7）使用 user3 登录，能成功进入文件夹 software，并能
打开文件 u1test.txt，用户 user3 只有写入权限，为什么还能
读取文件呢？这是因为权限累加，用户 user3 默认属于 users
组，从图 4-2 可以看到，users 组对文件夹 software 具有读取
权限，所以用户 user3 对文件夹 software 的权限就是两者累
加后的结果。

**步骤二：取消继承权限，设置 user3 不能打开 software
文件夹**

（1）如果不想让用户 user3 继承 users 组的读取权限，可
以设置"拒绝"权限来实现，编辑 user3 的"安全"权限，
在"拒绝"下选中"列出文件夹内容"和"读取"复选框，
如图 4-10 所示，单击"应用"按钮，弹出图 4-11 所示的提
示框，提示拒绝项将优先于允许项，单击"是"按钮。

（2）使用 user3 登录，打开文件夹 software，弹出无权访

图 4-10　设置用户 user3 的拒绝权限

问文件夹提示，如图 4-12 所示。

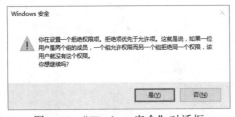

图 4-11　"Windows 安全"对话框

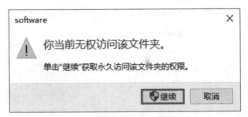

图 4-12　无权访问文件夹提示

步骤三：设置文件与文件夹的所有权

在 NTFS 分区中，每个文件与文件夹都有其"所有者"，系统默认是创建文件或文件夹的用户，就是该文件或文件夹的所有者。文件夹或文件的所有者具有更改该文件夹或文件权限的能力。Windows Server 2016 允许用户取得文件或文件夹的所有权，以便更改其所有者。这项功能属于特殊权限功能，特殊权限包括读取权限、更改权限和取得所有权权限。

（1）读取权限。为某用户授予该权限，该用户就具有针对文件或文件夹读取权限的功能。

（2）更改权限。为某用户授予该权限，该用户就具有针对文件或文件夹修改权限的功能。借助于更改权限，可以将针对某个文件或文件夹修改权限的能力授予其他管理员和用户，但不授予对该文件或文件夹的"完全控制"权限。通过这种方式，这些管理员或用户不能删除或写入该文件或文件夹，但可以为该文件或文件夹授权。为了将修改权限的能力授予管理员，将针对该文件或文件夹的"更改权限"权限授予 Administrators 组即可。

（3）取得所有权。为某一用户授予这一权限，该用户就具有取得文件或文件夹的所有能力。借助于该权限，可以将文件或文件夹的拥有权从一个用户账号或组转移到另一个用户账号或组，也可以将"取得所有权"这种能力给予某个人，管理员也可以获得某个文件或文件夹的所有权。

在取得某个文件或文件夹的所有权时，应当遵循以下规则：

（1）当前的拥有者或者具有"完全控制"权限的任何用户可以将"完全控制"这一标准权限或者"获得所有权"这一特殊访问权限授予另一个用户账号或者组。这样，该用户账号或者该组的成员就能获得所有权。

（2）Administrators 组的成员可以取得某个文件或文件夹的所有权，而不管该文件或文件夹被授予了什么权限。如果某个管理员取得了所有权，则 Administrators 组也取得了所有权。因而该管理员组的任何成员都可以修改针对该文件或者文件夹的权限，并且可以将"取得所有权"这一权限授予另一个用户账号或者组。

为了成为某个文件或文件夹的拥有者，具有"取得所有权"这一权限的某个用户或者组的成员必须明确地取得该文件或文件夹的所有权，不能自动将某个文件或者文件夹的所有权授予任何一个人。文件的拥有者、管理员组的成员或者任何一个具有"完全控制"权限的人都可以将"获得所有权"权限授予某个用户账号或者组，这样就使它们获得了所有权。

用户必须具备以下条件之一才可取得所有权：

（1）对该文件夹或文件拥有"取得所有权"的特殊权限。

（2）系统管理员，也就是属于 Administrators 组的用户。无论对文件或文件夹拥有何种权限，永远都具有"取得所有权"的权限。

（3）具备"取得文件或其他对象的所有权"的权限用户。

任何用户在变成文件或文件夹的所有者后，就可以更改该文件或文件夹的权限，但并不会影响该用户的其他权限，同时，文件或文件夹的所有权被夺取后，也不会影响原所有者的其他已有权限。

当用户要查看或夺取文件的所有权时，可在登录后右击文件，在弹出的快捷菜单中选择"属性"命令，然后在弹出的对话框中选择"安全"选项卡，单击"高级"按钮，弹出"software 的高级安全设置"对话框（见图 4-13），单击"所有者"后面的"更改"按钮，在弹出的对话框中（见图 4-14）可将所有权由 administrator 转给用户 user3。

步骤四：取消文件夹 software 的继承权限

如果不想继承上一层的权限，可在图 4-13 中，单击"禁用继承"按钮，弹出图 4-15 所示的"阻止继承"对话框，可单击"从此对象中删除所有已继承的权限"按钮将此权限删除。

图 4-13   "software 的高级安全设置"对话框

图 4-14   取得所有权操作

图 4-15   "阻止继承"对话框

步骤五：文件复制或移动后权限的变化

对于 NTFS 分区中的文件，当复制或移动到另一个文件夹后，其权限可能会发生如下变化：

（1）文件从某文件夹复制到另一个文件夹时，无论文件被复制到同一个磁盘还是不同的

NTFS 磁盘中，都等于产生了另一个新的文件，因此新文件的权限继承目的文件夹的权限。

（2）文件从某文件夹移动到另一个文件夹时，如果移动到同一磁盘的另一个文件夹中，仍然会保持原来的权限。如果移动到另一个 NTFS 磁盘中，则该文件会继承目的地的权限。

将文件移动或复制到目的地的用户会成为该文件的所有者。文件夹的移动或复制的原理与文件是相同的。不过，如果将文件从 NTFS 磁盘移动或复制到 FAT 或 FAT32 磁盘中，则其原有的权限设置都将被删除。

在移动文件或文件夹时，无论是移动到相同的还是不同的 NTFS 磁盘，都必须对来源文件或文件夹具有"修改"权限，同时还必须对目的文件夹具有"写入"权限。

任务 7　数 据 安 全

学习目标

- 理解数据加密与解密功能。
- 能够对数据进行加密和解密操作。
- 理解数据压缩功能。
- 能够对数据进行压缩和解压操作。

任务引入

某公司网络管理员管理公司文件，为了保证数据安全，对数据进行加密操作和解密操作；为了节省存储空间，还要对数据进行压缩。要求以 Windows Server 2016 网络操作系统为平台。

任务要求

（1）掌握数据的加密与解密。

（2）掌握数据的压缩与解压缩。

任务分析

管理员将公司文件放在文件目录 safe 中，为了保证数据安全，需要对数据进行加密，然后新建一个普通账户 test。对加密后的 safe 文件目录进行访问，查看加密效果。

相关知识

1．文件加密系统概述

为了数据的安全，Windows Server 2016 加入了加密文件系统（Encrypting File System，EFS），当用户不希望文件为看到内容或者被复制时就可以对文件进行加密。在预设的情况下，有写入权限的用户都可以对文件进行加密。虽然其他用户无法解密，但具有删除权限的用户可以删除加密过的文件。

2．加密方法

以某种特殊的算法改变原有的信息数据，使得未授权的用户即使获得了已加密的信号，但因不知道解密的方法，仍然无法了解信息的内容。加密的方法有很多种：有利用脚本加密，有利用系统漏洞加密，有利用加密算法加密，有利用系统驱动加密。这些加密的方法各有各的优点和缺点，有的加密速度快，有的加密速度相对比较慢，但加密速度快的没有加密速度慢的加密强度高。本任务加密实现使用的是 Windows Server 2016 系统的加密功能。

3．文件和文件夹的压缩和解压缩概述

在 Windows Server 2016 网络操作系统中，可以对 NTFS 磁盘上的文件、文件夹进行压缩，以充分利用磁盘空间。并且压缩之后，对文件、文件夹的访问不需要人工的解压缩操作。设置好之后，不管是压缩还是解压缩，都是系统自动完成的。另外，磁盘空间的计算不考虑文件压缩的因素，如复制文件时，系统判断磁盘是否有足够的可用空间时，是以文件的原始大小来计算的，磁盘配额的空间计算也是以文件的原始大小来计算的。

4．文件复制或移动对压缩属性的影响

对 NTFS 磁盘分区的文件来说，当其被复制或移动时，其压缩属性会根据不同情况而定：

（1）文件由一个文件夹复制到另外一个文件夹时，由于文件的复制要产生新文件，因此新文件的压缩属性继承目标文件夹的压缩属性。

（2）文件由一个文件夹移动到另外一个文件夹时，有两种情况：如果移动是在同一个磁盘分区中进行的，则文件的压缩属性不变；如果移动到另一个磁盘分区的某个文件夹中，则该文件继承目标文件夹的压缩属性，因为移动到另一个磁盘分区，实际上是在那个分区产生一个新文件。

（任务实施）

步骤一：数据加密

（1）为了进行数据加密，要使用管理员账户登录，在文件系统格式为 NTFS 的任一分区建立一个 safe 文件夹，右击 safe 文件夹，在弹出的快捷菜单中选择"属性"命令，弹出图 4-16 所示的对话框。

（2）单击"高级"按钮，弹出图 4-17 所示的对话框。

扫一扫

任务7
数据安全

图 4-16　"safe 属性"对话框

图 4-17　"高级属性"对话框

（3）在"高级属性"对话框中，选中"加密内容以便保护数据"复选框为该文件夹与文件加密，单击"确定"按钮返回图 4-17 所示的对话框。如果文件夹中已有数据，则会弹出图 4-18 所示的对话框，否则将直接应用。

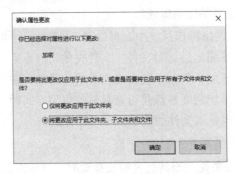

图 4-18　"确认属性更改"对话框

（4）在图 4-18 所示的对话框中，如果选中"仅将更改应用于该文件夹"单选按钮，则该变更只对日后加入的文件夹与文件生效；如果选中"将更改应用于此文件夹、子文件夹和文件"单选按钮，则不论是目前存在该文件夹下的文件还是日后加入的文件，都会应用加密属性。

注意：加密文件夹可以说是一个加密的容器，因此任何人都可以将数据放入该文件夹中，且这些数据都会自动加密，但是只有用户本人（或数据加密代理者）才能读取该文件。

步骤二：加密验证

为了验证加密文件是否生效，可以建立一个用户 test，使用该用户登录系统访问加密文件夹中的加密文件，如果弹出图 4-19 所示的提示框，说明此用户没有访问该文件的权限。

步骤三：数据的解密

经过数据加密后，要想将数据解密，可以在图 4-17 所示的对话框中取消选中"加密内容以便保护数据"复选框。解密之后系统会要求给予解密的范围，如果在解密的范围内有不属于该用户加密的文件，略过无法解密的文件后，系统会将可解密的文件属性还原成正常。

图 4-19　"拒绝访问"
提示框

步骤四：数据压缩

右击文件夹 ys 并在弹出的快捷菜单中选择"属性"命令，在弹出的对话框中单击"高级"按钮，弹出图 4-20 所示的对话框，选中"压缩内容以便节省磁盘空间"复选框，单击"确定"按钮后即可完成压缩。从外观上看，压缩的文件夹使用交替的颜色进行显示，压缩文件的颜色变为蓝色。

如果不希望以不同的颜色显示压缩文件夹，设置的方法是选择资源管理器窗口中的"查看"→"选项"命令，在弹出的对话框中选择"查看"选项卡，弹出图 4-21 所示的对话框，取消选中"用彩色显示加密或压缩的 NTFS 文件"复选框，可以看到压缩的文件夹和加密的文件夹变为正常颜色。

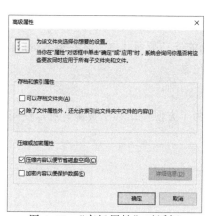

图 4-20　"高级属性"对话框

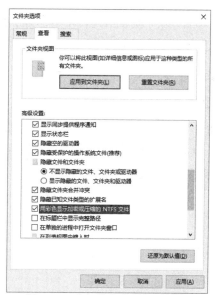

图 4-21　"文件夹选项"对话框

任务 8　管理共享资源

学习目标

- 理解共享功能。
- 能够对数据进行共享操作。
- 能够发布共享的资源。
- 能够监控共享的资源。

任务引入

某公司网络管理员要在服务器上共享公司的数据资源和程序，提供给其他用户使用，要求以 Windows Server 2016 网络操作系统为平台。

任务要求

（1）能新建共享文件夹。

（2）能访问共享文件夹。

（3）能停用共享文件夹。

（4）能监控共享文件夹。

（5）能设置共享文件夹权限与 NTFS 文件系统权限的组合。

（6）能映射网络驱动器。

任务分析

管理员将需要共享给用户使用的文件放在文件目录 shared 中并将其共享，然后将共享资源发布到活动目录中，提供给用户使用，为了保证共享资源的安全，在使用过程中要对共享资源进行监控。

相关知识

1．共享功能概述

当几台 PC 连接成简单的局域网之后，最常用的功能就是数据共享。在安装 Windows Server 2016 时，资源共享的组件就会在网络安装步骤中一起安装。

2．实现共享方法

将文件夹共享后，可以对共享文件夹进行管理，为了方便使用共享资源，可以使用映射网络驱动器。

任务实施

步骤一：新建共享文件夹

扫一扫

任务8
管理共享资源

用户可以通过很多方式新建共享文件夹，如"计算机"窗口、资源管理器窗口或"计算机管理"窗口等。新建文件夹 shared，右击该文件夹，在弹出的快捷菜单中选择"属性"命令，在弹出的对话框中选择"共享"选项卡，弹出图 4-22 所示的建立共享文件夹的对话框。

选择"高级共享"按钮，弹出"文件共享"对话框，如图 4-23 所示，规划"共享名"（预设名称为文件夹名称），共享名是网络上其他用户对此文件夹的辨识，因此可以取一个较易辨别的名称，可以与实际的文件夹名称不同。单击"共享"按钮，提示"你的文件夹已共享"，并提示访问共享资源的方法是\\SERVER\shared，如图 4-24 所示。其中 SERVER 是计算机名称。单击"完成"按钮完成共享。

图 4-22　属性对话框

图 4-23　"文件共享"对话框

图 4-24　提示共享访问方法对话框

步骤二：访问共享文件夹

在客户机进行访问，按【Win+R】组合键，在"运行"对话框中输入\\192.168.1.3\shared，其中 192.168.1.3 是 Windows Server 2016 服务器的 IP 地址，shared 是共享名称。单击"确定"按钮，弹出图 4-25 所示的提示框，要求输入网络密码，输入服务器的管理员账户"administrator"和登录密码，单击"确定"按钮，成功访问 shared 文件夹，如图 4-26 所示。访问 Windows Server 2016 网络操作系统中的共享资源时，必须有用户名和密码，否则不能访问。

图 4-25　输入网络密码

图 4-26　成功访问共享资源

步骤三：管理共享文件夹

如果对已经共享的资源进行管理，可以选择图 4-22 中的"安全"选项卡，如图 4-27 所示，单击"编辑"按钮，弹出图 4-28 所示的对话框；再单击"添加"按钮，弹出图 4-29 所示的对话框；单击"高级"按钮，弹出"选择用户或组"对话框，单击"立即查找"按钮，显示本机上所有的用户和组，在查找结果中选择"Everyone"，如图 4-30 所示，单击"确定"按钮后，弹出图 4-31 所示的对话框，将"Everyone"组添加到 shared 文件夹管理中，最后为"Everyone"组选择完全控制权限，如图 4-32 所示。

图 4-27　"安全"选项卡

图 4-28　"shared 权限"对话框

图 4-29　选择用户和组对话框

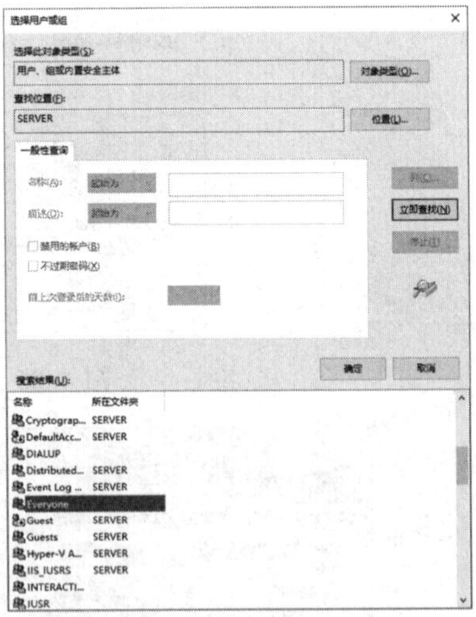

图 4-30　选择 Everyone 组

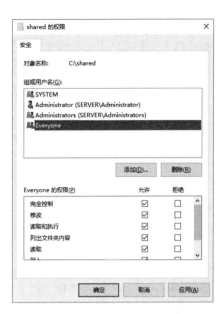

图 4-31　添加了 Everyone 组　　　　　图 4-32　为 Everyone 组设置权限

步骤四：停用共享文件夹

当不再把文件夹继续给网络上的用户共享时，可以停止该文件夹的共享。要想停用共享文件夹，同样可以由"计算机"、资源管理器或"计算机管理"窗口来完成。右击共享文件夹 shared，选择"共享"→"停止共享"命令，即可停止共享，如图 4-33 所示。

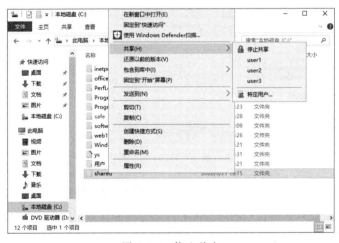

图 4-33　停止共享

步骤五：监控共享文件夹

Windows Server 2016 中，具有 Administrator 与 Server Operators 身份的用户可以监控域中网络资源的存取。在成员服务器或独立服务器中，具有 Administrator 身份的用户可以监控本身的计算机资源。在监控过程中，用户可以了解有谁打开了哪些文件、中断用户打开文件或中断所有用户打开文件。在"计算机管理"窗口中展开"系统工具"→"共享文件夹"结点，选中"共享"选项，查看有多少个用户连接至哪些共享文件夹，如图 4-34 所示。

图 4-34　选中"共享"选项

在图 4-34 中的"#客户端连接"栏下可以看出与共享文件夹进行远程连接的用户端数据，要想确切知道哪些文件被打开，则选中左侧树状目录下的"打开的文件"选项，如图 4-35 所示。

要想中断某一用户打开文件，则右击该文件并选择"将打开的文件关闭"命令；要想关闭所有用户所打开的文件，则选中树状目录下的"打开的文件"选项，右击文件选择"中断全部打开文件"命令，但强制中断连接可能会造成客户端的数据流失，请确定后再操作。

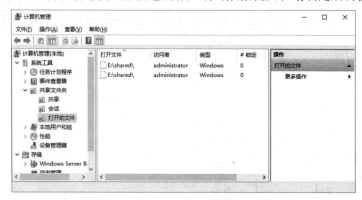

图 4-35　展开"打开的文件"结点

步骤六：设置共享文件夹权限与 NTFS 文件系统权限的组合

如何快速有效地控制对 NTFS 磁盘分区上网络资源的访问呢？答案是利用默认的共享文件夹权限共享文件夹，然后通过授予 NTFS 权限控制对这些文件夹的访问。当共享的文件夹位于一个利用 NTFS 格式化的磁盘分区上时，该共享文件夹权限即与 NTFS 权限进行组合，用以保护文件资源。共享文件夹为资源提供有限的安全性，而 NTFS 权限为共享文件夹提供最大的灵活性。不论是在本地访问该资源，还是通过网络访问该资源，NTFS 权限都能起作用。因此，除了设置 NTFS 权限外，还需要设置共享文件夹权限。

要为共享文件夹设置 NTFS 权限，可在共享文件夹的属性对话框中选择"共享"选项卡，单击"权限"按钮，弹出"shared 的权限"对话框，以设置共享文件夹权限，如图 4-36 所示。

共享文件夹权限具有以下特点：

（1）共享文件夹权限只适用于文件夹，而不适用于单独的文件，并且只能为整个共享文件夹设置共享权限，而不能对该共享文件夹中的文件或子文件夹进行设置。所以共享文件夹权限不如 NTFS 文件系统权限详细。

（2）共享文件夹权限并不对直接登录到计算机上的用户起作用，它们只适用于通过网络连接该文件夹的用户。也就是说，共享权限对直接登录到服务器上的用户是无效的。

（3）在 FAT 或 FAT32 系统卷上，共享文件夹权限是保证网络资源被安全访问的唯一方法。原因很简单，NTFS 权限不适用于 FAT 或 FAT32 卷。

（4）默认的共享文件夹权限是读取，并被指定给 Everyone组。如果要向共享的文件夹上传文件，必须修改权限为"完全控制"。

图 4-36　"shared 的权限"对话框

步骤七：映射网络驱动器

若用户在网上共享资源，需要频繁访问网上的某个共享文件夹时，可以为它设置一个逻辑驱动器号，即网络驱动器。网络驱动器设置好之后，就会出现在"计算机"窗口和资源管理器窗口中，双击网络驱动器图标，可以直接访问该驱动器下的文件或文件夹。映射网络驱动器与直接创建共享资源的作用相似，不同的是映射的网络驱动器放在"计算机"窗口中和资源管理器窗口中，直接创建共享资源放在"网上邻居"中。

映射网络驱动器的步骤如下：

（1）右击"计算机"或"网络"图标，在弹出的快捷菜单中选择"映射网络驱动器"命令，弹出"映射网络驱动器"对话框，如图 4-37 所示，在"驱动器"文本框为新映射的驱动器选择驱动器号，默认是 Z:，也可以改成其他没有使用的符号，在"文件夹"文本框中输入共享文件夹所在的位置和名称，管理员要映射的共享文件夹在 192.168.1.3 中，共享文件夹名称是 shared，输入\\192.168.1.3\shared。

图 4-37　"映射网络驱动器"对话框

（2）单击"完成"按钮，在"计算机"窗口和资源管理器窗口中出现了 Z 盘，如图 4-38 所示。以后访问该共享文件夹时就不用再寻找目的计算机，直接访问本地磁盘即可。

图 4-38　网络驱动器映射成功

技 能 训 练

1．训练目的

（1）了解 NTFS 权限设置方法。

（2）掌握文件共享与管理方法。

（3）掌握数据加密与解密方法。

（4）掌握数据压缩与解压缩方法。

2．训练环境

Windows Server 2016 计算机。

3．训练内容

（1）查看计算机的分区格式，保存至少有一个分区的格式为 NTFS。如果所有分区都不是 NTFS，那么将其中的一个分区转化为 NTFS 格式。

（2）在计算机的一个 NTFS 分区的根目录下，新建名为 Folder4_1 的文件夹，在该文件夹中新建名为 file4_1 的文本文档。对文件夹 Folder4_1 进行压缩。

（3）在计算机的一个 NTFS 分区的根目录下，新建名为 Folder4_2 的文件夹，在该文件夹中新建名为 file4_2 的文本文档。对文件夹 Folder4_2 进行加密，并新建用户 User4，对加密文件夹进行验证。

（4）在 C 盘根目录下创建名为 Folder4_3 的文件夹，将该文件夹共享。将该共享文件夹映射到所在计算机的 Z 盘，

4．训练要求

实训分组进行，可以 2 人一组，小组讨论，决定方案后实施，教师在小组方案确定后给予指导，在学生出现问题时，引导学生独立解决问题。

5．训练总结

完成训练报告，总结项目实施中出现的问题。

单元 5 | 管理 Windows Server 2016 打印服务器

本单元设置 2 个任务，任务 9 介绍了安装打印服务器和安装打印机；任务 10 介绍了打印机的资源设置、设置打印机的权限、在客户端安装打印机和使用共享网络打印机。

任务 9　安装打印服务器

学习目标

- 理解打印服务器的概念。
- 能够安装打印服务器。
- 能够安装 Web 打印服务器。

（任务引入）

某公司网络管理员要安装打印服务器，并安本地打印机，要求以 Windows Server 2016 网络操作系统为平台。

（任务要求）

（1）能够安装打印服务器。
（2）能够安装打印机。

（任务分析）

在网络中可以设置打印机，不论是直接连接到服务器上的打印机，还是从其他位置接入网络的打印机，都可以通过打印服务器进行统一的管理，并为所有用户或指定的用户进行打印服务。管理员首先安装直接连接到服务器上的打印机，服务器的 IP 地址是 192.168.1.4，主机名是 server，再安装 Web 打印服务器。

（相关知识）

1. 打印服务器概述

Windows Server 2016 可以在整个网络中共享打印资源。在各类计算机和操作系统中，客户可以通过 Internet 将打印作业发送到与 Windows Server 2016 打印服务器本地连接的打印机，或者使用内部、外部网络适配器或其他服务器将打印作业发送到与网络连接的打印机。

　　结合网络的具体情况做出有效的打印规划十分必要。另外，在打印过程中的管理实施和处置打印阻塞也影响打印的实际效果。

2. Windows Server 2016 打印的相关名词

Windows Server 2016 打印的相关名词有如下几种：

（1）打印装置。是指真正打印出报表输出的硬件装置，通常都被大家说成"打印机"，其实"打印机"却另有所指。

（2）打印机。是指操作系统与打印装置之间的软件界面。打印机决定文档如何传送到打印装置与如何传送其他打印程序的参数。

（3）打印工作。所谓的打印工作其实只是单纯的数据，包含了数据与打印处理的指令。

（4）打印机驱动程序。这是一个软件，让应用程序可以与不同的打印装置沟通，而不必在乎设备的形态。

（5）打印服务器。将打印装置连接至网络的计算机，且网络上的其他计算机可以共享这些打印装置。打印服务器可以是一个特别的设备，将打印装置与网络相连。

（6）Spooling。将打印工作的内容写至缓存中，这个文档即称为 Spool 文档。

（7）打印客户端。是一台通过网络要求打印工作的计算机。

（8）建立打印机。通过端口或网络与打印装置进行连接，为打印机命名并安装打印机驱动程序。

步骤一：安装打印服务器

　　如果需要提供网络打印服务，必须先将计算机安装为打印服务器，安装并设置共享打印机，然后为不同的操作系统安装驱动程序，使网络客户端在安装网络打印机时不再需要单独安装驱动程序。

（1）选择"服务器管理器"命令，弹出"服务器管理器"窗口，如图 5-1 所示。

（2）单击"添加角色和功能"超链接，弹出"添加角色和功能向导"对话框，如图 5-2 所示，提示安装之前，确定管理员账号已经设置强密码、已经为服务器设置了 IP 地址等，单击"下一步"按钮执行后续操作。

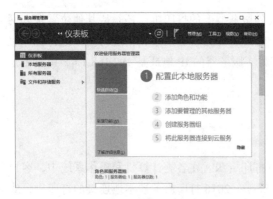

图 5-1　"服务器管理器"窗口

图 5-2　安装前的准备工作

（3）选择"安装类型"，可以选择在实际的物理计算机、虚拟机或者脱机虚拟硬盘上安装角色和功能，如图 5-3 所示，选中"基于角色或功能的安装"单选按钮，即在本机上安装。

（4）单击"下一步"按钮，弹出"选择目标服务器"窗口，如图 5-4 所示，选中"从服务器池中选择服务器"单选按钮，服务器的名称是 server，IP 地址是 192.168.1.4。

图 5-3 "选择安装类型"窗口   图 5-4 "选择目标服务器"窗口

（5）单击"下一步"按钮，弹出"选择服务器角色"窗口，如图 5-5 所示，当选择"打印和文件服务"时，弹出确认添加打印和文件服务所需的功能窗口，如图 5-6 所示，单击"添加功能"按钮。

图 5-5 "选择服务器角色"窗口   图 5-6 确认添加功能

（6）单击"下一步"按钮，弹出"选择功能"窗口，如图 5-7 所示，保持默认选项即可。

（7）单击"下一步"按钮，弹出"打印和文件服务"窗口，如图 5-8 所示，该窗口对打印和文件服务进行简单介绍，并提示安装打印和文件服务注意事项。

（8）单击"下一步"按钮，弹出"选择角色服务"窗口，如图 5-9 所示，默认选中"打印服务器"复选框，当选中"Internet 打印"复选框时，弹出确认添加 Internet 打印所需的功能窗口，如图 5-10 所示，单击"添加功能"按钮。

图 5-7 "选择功能"窗口

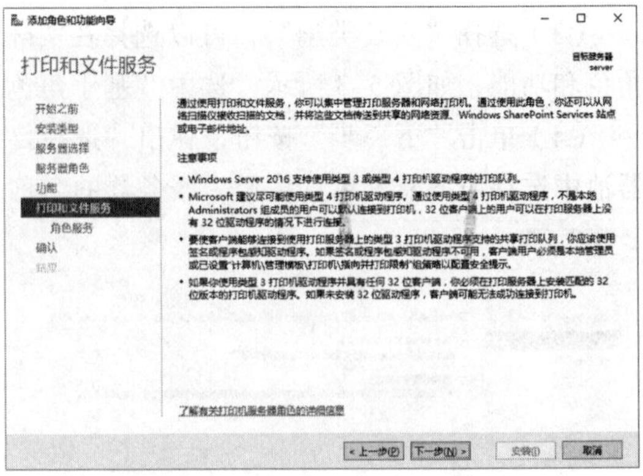

图 5-8 "打印和文件服务" 窗口

图 5-9 "选择角色服务"窗口

图 5-10 确认添加功能

（9）单击"下一步"按钮，弹出"确认安装所选内容"窗口，如图 5-11 所示，单击"安装"按钮开始安装打印和文件服务。安装需要几分钟的时间，如图 5-12 所示。

（10）安装和配置完成后，在服务器管理器左侧出现打印服务，如图 5-13 所示。

图 5-11 "确认安装所选内容"窗口

图 5-12 正在安装打印服务

图 5-13　打印服务安装完成

步骤二：安装打印机

（1）选择"服务器管理器"窗口中的"工具"→"打印管理"命令，弹出图 5-14 所示的窗口。

图 5-14　"打印管理"窗口

（2）右击服务器名称"server（本地）"，选择"添加打印机"命令，弹出"网络打印机安装向导"对话框，如图 5-15 所示，保持默认选项。

（3）单击"下一步"按钮，弹出"打印机地址"窗口。"设备类型"中有"自动检测""TCP/IP 设备"和"Web 服务打印机"3 个选项，如果不确定打印机的设备类型，选择"自动检测"类型。在"主机名称或 IP 地址"文本框中输入打印机的 IP 地址 192.168.1.4，如图 5-16 所示。"端口名"可以采用系统默认值，即 IP 地址（这里默认为 192.168.1.4）。

（4）单击"下一步"按钮，会在网络上寻找打印机，如果向导无法找到打印机，或者需要额外的信息，会弹出图 5-17 所示的窗口，选择"自定义"单选框自行选择打印机。

（5）单击"下一步"按钮，弹出"打印机驱动程序"窗口，如图 5-18 所示，安装新驱动程序。

（6）单击"下一步"按钮，弹出"打印机安装"窗口，如图 5-19 所示，管理员根据打印机类型，在"厂商"中选择 HP，打印机型号选择 HP Officejet 7610 Series Class Driver。

（7）单击"下一步"按钮，为打印机取一个名字。系统默认打印机型号为其名称，可以进行修改，以便区分其他打印机，便于使用。在"共享此打印机"复选框中，指定打印机是否作为共享打印机。如果选择共享，要为其指定共享名称，如图 5-20 所示。

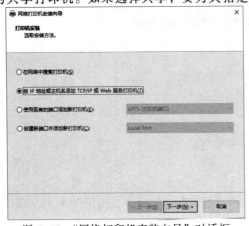

图 5-15 "网络打印机安装向导"对话框

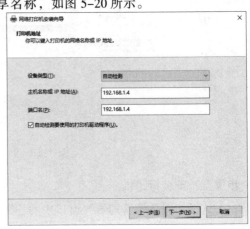

图 5-16 "打印机地址"窗口

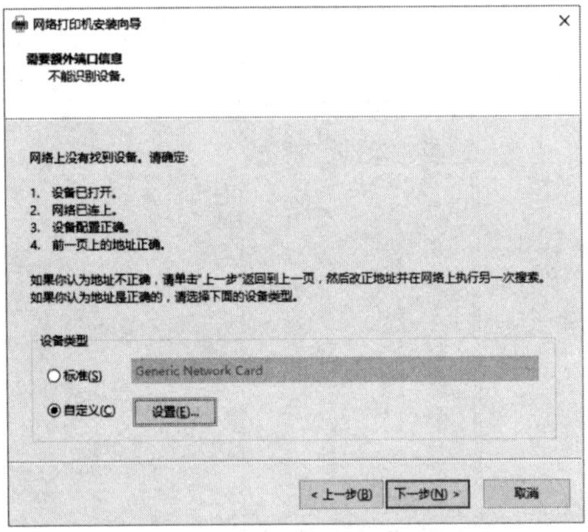

图 5-17 "需要额外端口信息"窗口

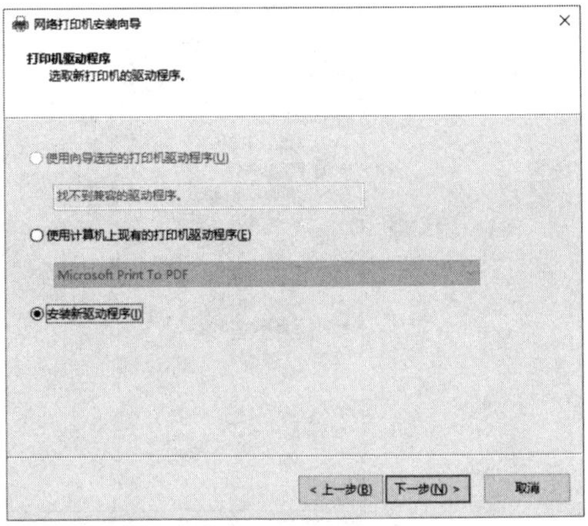

图 5-18 "打印机驱动程序"窗口

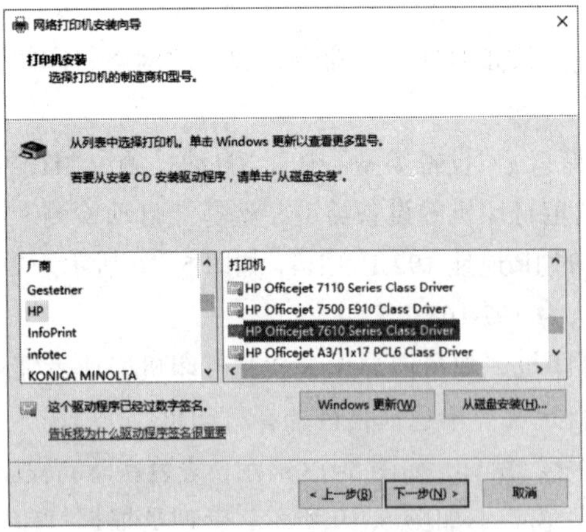

图 5-19 "打印机安装"窗口

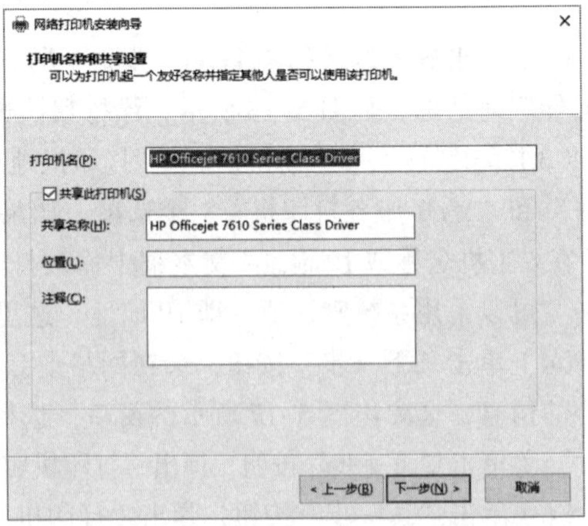

图 5-20 "打印机名称和共享设置"窗口

（8）单击"下一步"按钮，弹出"找到打印机"窗口，如图 5-21 所示，显示要安装的打印机的全部信息。

（9）单击"下一步"按钮，弹出"正在完成网络打印机安装向导"窗口，如图 5-22 所示，单击"完成"按钮，将打印机添加到系统中。安装打印机后"打印管理"窗口如图 5-23 所示。

图 5-21 打印机摘要信息

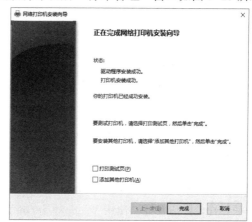

图 5-22 "正在完成网络打印机安装向导"窗口

图 5-23 成功安装打印机后的"打印管理"窗口

任务 10 管理打印服务器

学习目标

- 理解管理打印服务器的任务。
- 能够管理打印服务器。
- 理解共享网络打印机的优点。
- 能够使用共享网络打印机。

任务引入

某公司网络管理员管理公司打印服务器，并实现在客户端使用打印机，要求以 Windows Server 2016 网络操作系统为平台。

任务要求

（1）设置打印机的资源。
（2）设置打印机的权限。
（3）在客户端安装打印机。
（4）会使用网络共享打印机。

任务分析

打印服务器的管理主要是配置其相关属性，以及利用一些系统提供的工具对其进行合理的管理和各种权限的设置。使用 Windows Server 2016 的一些功能可以很方便地管理打印机，减轻网络管理员的负担。

相关知识

1．打印机的资源设置

添加打印机后，即可通过打印机属性进行设置，包括常规、共享、端口、高级、设备设置以及安全等。

2．打印机的权限

在 Windows Server 2016 系统中提供了 3 个打印机权限等级，分别为打印、管理打印机以及管理文档。可以允许或拒绝某些用户或组使用这 3 种权限，但拒绝的权限优先级会比允许的权限优先级高，这是值得注意之处。例如，User1 属于 Group1 与 Group2 组，允许 Group1 组拥有管理文档的权限，但是拒绝 Group2 具有管理文档的权限，则 User1 为不能管理文档。表 5-1 列出了打印、管理打印机及管理文档这 3 种权限对打印机处理的能力。

表 5-1　不同权限对打印机的处理能力

对打印机的处理能力	打　印	管理打印机	管理文档
连接到打印机并打印文档	★	★	★
暂停、继续、重新开始及取消用户自己拥有的文档	★	★	★
暂停、继续、重新开始及取消所有其他用户拥有的文档		★	★
为所有文档设置工作控制		★	★
取消所有文档的打印			★
共享一部打印机			★
变更打印机属性			★
变更打印机权限			★
删除一部打印机			★

3．共享打印机功能

通过打印机的 Web 共享，用户能够实现 Internet 连接到打印机并进行打印。使用这种打印方式，用户可以更方便地进行打印，大大拓宽了打印服务的范围和功能。比如，只要知道出版商打印机的名称并有适当的权限，就可以将公司新的编目直接发送到出版商的打印机，出版商直接在自己的打印机上得到打印好的文档。除了在 Internet 上打印之外，用户还可以在局域网中使用基于 Web 的打印机。

4．企业网络打印机管理

对于企业而言，专门建立一个打印机网站可以更好地让用户了解打印机的地理位置和打印功能，当用户有特定的要求时，比如需要彩色的输出或打印大幅面的文档，可以知道哪些打印机可以满足要求，并获得打印机的具体位置。除了提供这些信息外，在打印机网站上还可以提供指向打印机的链接，用户可以通过单击链接直接访问相应的打印机，自动建立与打印机的连接，这样可以使用户对基于 Web 的打印机访问更加便捷。

 任务实施

步骤一：打印机的资源设置

1．常规

在"常规"选项卡中可以更改打印机的名称、位置及注解，如图 5-24 所示。

要想设置打印的选项，例如纸张、打印品质等，可以单击"首选项"按钮，弹出一个对话框，通常该对话框的设置内容是由硬件厂商提供的。

2．共享

选择"共享"选项卡，如图 5-25 所示，可以规划打印机是否要共享，可以在"共享名"文本框中输入共享打印机的名称。

扫一扫

任务10
管理打印服务器

图 5-24　"常规"选项卡

图 5-25　"共享"选项卡

3．端口

选择"端口"选项卡，如图 5-26 所示。

在该选项卡中可以添加、删除及配置端口。在该选项卡的下方有一个"启用打印机池"复选框，如果计算机连接多台打印机装置（使用多个不同的端口），则可使用打印机池的功能。所谓的打印机池，是指一部打印机通过打印机服务器上的多个不同端口连接到多部打印装置。

如果建立了打印机池，则用户在打印文档时可以不用自行寻找闲置的打印装置，而由系统自行决定。因此打印机池适合建立在一个具有多部完全相同或特性相同的打印装置且打印工作很大的网络中。除了可以减少用户的打印工作在打印服务器中等待的时间外，也可以简化打印装置的管理。

4．高级

选择"高级"选项卡，如图 5-27 所示。

在该选项卡中，用户可以规划该部打印机的打印使用时间与优先级的设置。在打印机之间设置优先级可以使得在相同打印装置上打印的文档组或用户组有打印先后的差别。重要的文档或具有优先级的人永远会先打印出结果。

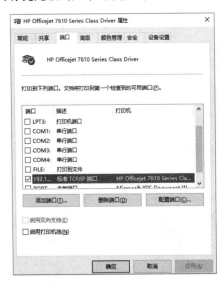

图 5-26　"端口"选项卡

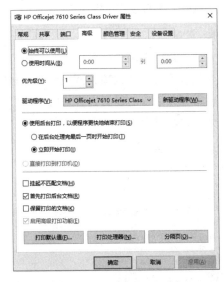

图 5-27　"高级"选项卡

除了优先级的设置之外，还可以设置其他相关的事项，说明如下：

（1）新驱动程序。更改不同的打印机驱动程序。

（2）使用后台打印，以便程序更快地结束打印。一般经由应用程序打印的文档，系统会将打印工作送至打印队列中存起来等候打印，而当数据传送完成后，用户即可离开打印状态继续工作。因此，后台处理文档加快了打印处理，允许所传送文档的应用程序将控制权更快速地还给用户。本选项拥有两个相关的子选项，必须选择其中之一。

① 在后台处理完最后一页时开始打印。对打印文档进行后台处理，但须在全部完成之后才开始打印。

② 立即开始打印。将文档完成后台处理以前就开始打印，这意味着打印得越迅速，打印应

用程序释放控制就越快。

（3）直接打印到打印机。指定文档不经过后台处理而直接传送到打印装置。未经过后台处理的文档会减少打印时间，但建议在不共享的打印机中才选中此单选按钮。

（4）挂起不匹配文档。不打印与打印设置不对应的文档，这会防止由文档产生的错误，如这些文档使用的纸张大小与设置的纸张大小不同等。

（5）首先打印后台文档。后台处理过的文档将在部分后台处理的文档以前打印。如果没有选中此复选框，则打印机会依照文档打印的优先级来挑选下一份打印工作。

（6）保留打印的文档。可将打印完成后的打印工作保留在缓冲中，因此可重复打印，但管理者需要监视缓冲文件夹与可用磁盘空间，并自行将打印工作删除。

（7）启用高级打印功能。启用时，会使用中继数据类型（EMF）及高级功能（如分页顺序、手册打印及每片的页数都是可用的），以提供文档。

（8）"打印默认值"按钮。单击该按钮，弹出"打印默认值"对话框，将该打印机设置成最适合工作上打印的状态，如页面的走向、纸张的大小和打印分辨率等设置。

（9）"打印处理器"按钮。单击该按钮，不同的打印处理器会有不同的打印类型，这是更改打印数据类型的地方，通常并不需要改变打印处理器或打印数据类型。

（10）"分隔页"按钮。分隔符号或封面页一般都会说明是谁将文档传送到打印机，并会附上打印日期及时间。可以使用标准分隔页中的某一项或建立自定义的页面，Windows Server 2016 所提供的几个分隔页文档都放在 WINNT\System32 文件夹中，其扩展名为.sep。

步骤二：设置打印机的权限

选择"安全"选项卡，如图 5-28 所示。

在预设的情况下，系统会把"打印"权限开放给 Everyone 组，因此只要能登录网络的用户都可以打印文档。要想向预设的用户或组开放打印机权限，则单击"添加"按钮，此时就会弹出"选择用户或组"对话框，选择适当的用户组后再单击"确定"按钮即可，如图 5-29 所示。

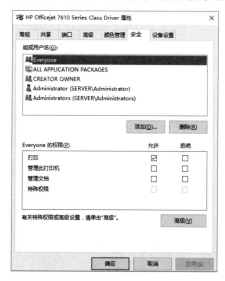

图 5-28　"安全"选项卡

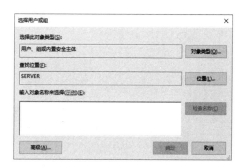

图 5-29　"选择用户或组"对话框

步骤三：在客户端安装打印机

客户端打印机的安装过程与服务器设置有很多相似之处，其安装过程在"添加打印机向导"的引导下即可完成。

（1）打开"控制面板"→"查看设备和打印机"窗口，单击"添加打印机"按钮，自动检测网络中的打印机，如图 5-30 所示，选择"我需要的打印机不在列表中"。

（2）单击"下一步"按钮，弹出"按其他选项查找打印机"窗口，如图 5-31 所示，其格式为\\打印服务器名称\打印机共享名，在"按名称选择共享打印机"文本框中输入\\192.168.1.4\HP Officejet 7610 Series Class Driver，这是共享打印机的网络位置。

图 5-30　搜索打印机

图 5-31　输入网络打印机位置

（3）单击"下一步"按钮，弹出 "已成功添加 192.168.1.4 上的 HP Officejet 7610 Series Class Driver"窗口，如图 5-32 所示，默认的打印机名称是 192.168.1.4 上的 HP Officejet 7610 Series Class Driver。单击"下一步"按钮，可以打印测试页，如图 5-33 所示，再单击"完成"按钮完成安装。由于打印服务器中已经为客户端准备了打印机驱动程序，因此在客户端安装网络打印机时无须再提供打印机驱动程序。

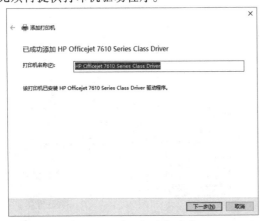

图 5-32　设置打印机名称

图 5-33　在本地添加了共享打印机

步骤四：使用共享网络打印机

1．使用浏览器连接打印机

如果用户要通过 IE 浏览器的方式访问共享打印机，可打开 IE 浏览器，在地址栏中输入"http://打印服务器的 IP 地址或计算机名称/printers"，按【Enter】键，需要输入有权限使用打印机的用户名和密码，使用管理员账号登录到服务器，如图 5-34 所示，显示所有被共享的打印机，如图 5-35 所示。

图 5-34　输入有权限使用打印机的账号　　　　图 5-35　使用浏览器连接打印机

单击要访问的打印机名称，显示出当前打印机的状态、当前打印机的文档列表及打印机的其他相关信息，如图 5-36 所示。

图 5-36　当前打印机的状态

单击要查看的内容即可进行查看。例如这里要查看该打印机的属性，单击"查看"选项组中的"属性"超链接，显示打印机属性，包括当前打印机的型号、位置、网络名、速度等信息，如图 5-37 所示。

图 5-37　打印机属性

如果还要访问其他内容，单击相应的链接即可实现，其过程与访问打印机属性的过程类似，这里不再赘述。用户可以查看打印机的状态和文档列表，还可进行打印机和文档暂停、继续和取消等操作。

如果知道打印机的网络共享名，可以直接在地址栏中输入打印机 URL 地址与打印机连接，其格式如下：http://Printer_Server_Name/shared_printer_name。其中，Printer_Server_Name 是打印服务器名称，shared_printer_name 是打印机的共享名。

如果想通过 Web 浏览器与共享打印机建立连接，必须满足下面的条件：

（1）在 Windows Server 2016 中安装了 IIS 服务，并选中"Internet 打印"复选框。

（2）取消选中"组策略"中的"禁用基于 Web 的打印"复选框。

（3）必须使用 Internet Explorer 6.0 或更高版本的浏览器连接打印机。

2．使用"网上邻居"或"查找"安装打印机

除了可以采用打印机安装向导安装网络打印机外，还可以使用"网上邻居"或"查找"的方式安装打印机。

在"网上邻居"中找到打印服务器，或者使用"查找"方式以 IP 地址或计算机名称找到打印服务器。双击打开该计算机，根据系统提示输入有访问权限的用户名和密码，然后显示其中所有的共享文档和共享打印机，如图 5-38 所示。

双击要安装的网络打印机，该打印机的驱动程序将自动被安装到本地，并显示该打印机中当前的打印任务。

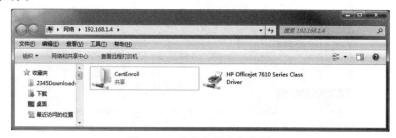

图 5-38　共享文档和打印机

技 能 训 练

1．训练目的

（1）掌握打印机的安装方法。

（2）能够对打印机进行管理。

（3）能够共享打印机并进行使用。

2．训练环境

Windows Server 2016 系统的计算机。

3．训练内容

（1）安装打印机 HP M154dn。

（2）将该打印机共享，并在客户机 192.168.1.20 上使用。

（3）对打印机进行管理。

4．训练要求

实训分组进行，可以 2 人一组，小组讨论，决定方案后实施，教师在小组方案确定后给予指导，在学生出现问题时，引导学生独立解决问题。

5．训练总结

完成训练报告，总结项目实施中出现的问题。

单元 6 | 管理 Windows Server 2016 DHCP 服务器

本单元设置 4 个任务，任务 11 介绍了安装 TCP/IP 协议、配置 TCP/IP 协议、使用 ipconfig 命令、使用 ping 命令、使用 arp 命令、使用 netstat 命令和使用 tracert 命令；任务 12 介绍了安装 DHCP 服务器、添加授权 DHCP 服务器、在 DHCP 服务器中添加作用域和 DHCP 客户机获得 IP 地址；任务 13 介绍了配置 DHCP 超级作用域；任务 14 介绍了备份 DHCP 数据库、还原 DHCP 数据库和重整 DHCP 数据库。

任务 11 配置 TCP/IP 网络

学习目标

- 能够安装 TCP/IP 协议。
- 能够使用 TCP/IP 协议的诊断程序。

(任务引入)

某公司网络管理员要为一台计算机安装 TCP/IP 协议和设置 IP 地址，并进行网络设置，要求以 Windows Server 2016 网络操作系统为平台。

(任务要求)

（1）安装 TCP/IP 协议。
（2）配置 TCP/IP 协议。
（3）使用 ipconfig 命令，查看 TCP/IP 协议的配置情况。
（4）使用 ping 命令，检测 TCP/IP 协议是否配置正确。
（5）使用 arp 命令管理 arp 缓存。
（6）使用 netstat 命令显示协议的统计信息及当前 TCP/IP 网络的连接状态。
（7）使用 tracert 命令检查通向远程系统的路由。

(任务分析)

作为网络管理员，应该熟练掌握网络的有关设置，并能进行故障诊断。本任务要对网络进行基本配置，安装 TCP/IP 协议并进行 IP 地址配置，然后使用命令 ipconfig 查看配置结果，并使用命令 ping 检测网络连通性,最后使用 arp 命令建立 MAC 地址和 IP 地址的映射关系,使用 netstat 命令显示协议的统计信息及当前 TCP/IP 网络的连接状态,并使用 tracert 命令检查通向远程系统的路由,以跟踪数据流向,诊断网络故障。

相关知识

TCP/IP 是 Internet 所用的协议,它是一个协议簇,是由一系列小而专的协议组成的,其中包括 TCP 协议、IP 协议、UDP 协议、ARP 协议、RARP 协议、ICMP 协议等,统称为 TCP/IP 协议。在 Windows Server 2016 操作系统中集成了大量的诊断程序,这些程序对合理、有效地使用 TCP/IP 协议有很大帮助。

1. ipconfig 命令

ipconfig 诊断程序用于显示当前 TCP/IP 协议的配置情况,并对其更新或释放。当不带任何参数时,ipconfig 命令可以显示当前 TCP/IP 协议的基本配置情况,包括 IP 地址(IP Address)、子网掩码(Subnet Mask)和默认网关(Default Gateway)等。

ipconfig 命令的语法格式为:

```
ipconfig [/?|/all|/release[adapter]|/renew[adapter]|/flushdns|
registerdns|/displaydns/adapter|setclassid/showclassid adapter[classid]]
```

其中主要参数的功能如下:

(1)/? :显示参数项及其功能。

(2)/all:显示 TCP/IP 协议的全部配置信息,包括主机名(Host Name)、结点类型(Node Type)、是否启动 IP 路由(IP Routing Enabled)和是否启动 WINS 代理(WINS Proxy Enabled)等。

(3)/release:释放指定给网卡的 IP 地址。

(4)/renew:更新指定给网卡的 IP 地址。

(5)/flushdns:清除 DNS 解析缓冲。

(6)/registerdns:刷新所有的 DHCP 租用期限,并重新注册 DNS 名。

(7)/displaydns:显示 DNS 解析器高速缓存的内容。

(8)/setclassid:设置 DHCP 类 ID。

(9)/showclassid:显示所有的 DHCP 类 ID。

2. ping 命令

ping 是使用 TCP/IP 协议的网络中最常使用和最为重要的一个诊断程序,它可以查看 TCP/IP 协议的配置状态,以及远程计算机之间的连接情况。ping 命令的语法格式为:

```
ping [-t][-a][-n count][-l size][-i TTL][-v TOS] [-r ciybt][-s ciybt][-j
host-list]|[-k host-list][-w timeout] destination-list
```

其中主要参数的功能如下:

(1)-t:ping 指定的主机,直到结束。使用【Ctrl+C】组合键结束操作。

(2)-a:解析主机的地址。

(3)-n count:发送由用户指定的回应包数据(n 的值为 1~4 294 967 295)。

(4)-l size:发送缓冲区的大小。

(5)-v TOS:设置服务字段类型为 TOS 指定的值。

（6）–w timeout：指定等待每次响应的超时时间间隔，以 ms 为单位。

其中，在网络中使用最多的是在一台计算机上直接 ping 另一台计算机的 IP 地址。

3．arp 命令

arp 是 Windows Server 2016 中用于查看和修改本地计算机的 ARP（地址解析协议）所使用的地址转换表的一个诊断程序，其语法格式为：

```
arp -s int_addr eth_addr[if_addr]
arp -d int_addr[if_addr]
arp -a [inet_addr][-N if_addr]
```

其中主要参数的功能如下：

（1）–s：添加 arp 缓冲中的项，以便将 Internet 地址 inet_addr 与物理地址 eth_addr 进行关联。该物理地址为由连字符分隔的一个十六进制字节。输入项是静态的，即超时终止后不从缓冲中自动删除，重新引导计算机后该输入项丢失。

（2）inet_addr：指定一个 Internet 地址。

（3）ethr_addr：指定物理地址。

（4）if_addr：指定现有接口的 IP 地址，该接口地址转换表需要修改。现有接口不存在时，则使用第一个可用接口的 IP 地址。

（5）–d：删除被 inet_addr 指定的主机。

（6）–a：通过查询当前的协议数据来显示当前 arp 项。如果已指定 int_addr 参数项，则只显示指定主机的 IP 地址和物理地址。如果有一个以上的网络接口使用 ARP 协议，将显示 arp 表项的内容。

（7）–N if_addr：被 if_addr 指定的网络接口显示 arp 的输入项。

4．netstat 命令

netstat 诊断程序用于显示协议的统计信息及当前 TCP/IP 网络的连接状态。netstat 命令的语法格式为：

```
netstat [-a][-e][-n][-s][-p proto][-r][inteval]
```

其中主要参数的功能如下：

（1）–a：显示所有的连接及监听端口。

（2）–e：显示 Ethernet（以太网）的统计信息，可与–s 参数结合使用。

（3）–n：用数字形式表示地址和端口号。

（4）–s：显示每个协议的统计信息。默认时显示 TCP、UDP 和 IP 子协议的统计信息；如果与–p 参数结合使用，则可以指定默认子网。

（5）–r：显示路由表。

（6）–p proto：显示 proto 指定协议的连接信息。proto 可以是 TCP 或 UDP 子协议。如果和–s 参数共同使用，则可以显示每个协议（可以是 TCP 协议、UDP 协议或 IP 协议）的统计信息。

5．tracert 命令

tracert 诊断程序可用于检查通向远程系统的路由。tracert 命令的语法格式为：

```
tracert[-d][-h maximum_hops][-j host-list][-w timeout] target_name
```

其中主要参数及其功能如下：

（1）–d：不解析主机名的地址。

（2）–h maximum_hops：设定寻找目标过程的最大中转数。

任务实施

步骤一：安装 TCP/IP 协议

（1）右击"网络"图标，选择"属性"→"更改适配器设置"命令，在弹出的"网络连接"窗口中右击"Ethernet0"选项并在弹出的快捷菜单中选择"属性"命令，如果已经安装了 Internet 协议（TCP/IP），则会弹出图 6-1 所示的对话框，表示"Internet 协议版本 4（TCP/IPv4）"已经安装。

（2）如果没有安装 Internet 协议（TCP/IP），则在弹出的对话框中单击"安装"按钮，再在弹出的"选择网络功能类型"对话框中选择"协议"选项，单击"添加"按钮，弹出"选择网络协议"对话框，如图 6-2 所示。在"网络协议"列表框中选择"Internet 协议版本 4（TCP/IPv4）"选项，单击"确定"按钮完成安装，如果已经安装，在"选择网络协议"对话框中就不再显示 Internet 协议版本 4（TCP/IPv4）协议。

任务11
配置 TCP/IP
网络

图 6-1 "Enthrnet0 属性"对话框

图 6-2 "选择网络协议"对话框

步骤二：配置 TCP/IP 协议

TCP/IP 协议在安装后必须进行正确的设置，否则将无法正常工作或引起网络故障。TCP/IP 协议的设置过程如下：

在"Ethernet0 属性"对话框中选择"Internet 协议版本 4（TCP/IPv4）"选项，单击"属性"按钮，弹出图 6-3 所示的对话框。

各项说明如下：

（1）自动获得 IP 地址：该选项是默认的方式，但是此时网络中必须有 DHCP 服务器（有关 DHCP 的内容在任务 12 中进行介绍）。

（2）使用下面的 IP 地址：该选项用于对计算机指定专用的 IP 地址。一般情况下，服务器都需要专用的 IP 地址。在使用专用的 IP 地址时，必须为该计算机输入"IP 地址"和"子网掩码"两项，且每一台计算机的 IP 地址不能相同。同一网段中的计算机使用的"子网掩码"也必须相同，否则无法进行相互间的通信。如果此计算机使用网关功能，则可以在"默认网关"文本框中输入该网关的 IP 地址。

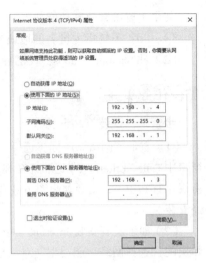

图 6-3　设置 IP 地址

步骤三：使用 ipconfig 命令

按【Win+R】组合键，打开"运行"命令，在弹出的对话框中输入 cmd，按【Enter】键后出现提示符窗口，输入命令 ipconfig 并按【Enter】键后即可查看 TCP/IP 协议的全部配置信息，结果如图 6-4 所示。

图 6-4　ipconfig 命令使用示例

在图 6-4 中，主机名是 server，指的是主机的名称；物理地址，即 MAC 地址，本机的 MAC 地址是 00-0C-29-48-C1-31；IPv4 地址是主机的 IP 地址，是 192.168.1.4；子网掩码是 255.255.255.0；默认网关是 192.168.1.1；DNS 服务器是 192.168.1.3。

查看主机名称还可以使用命令 hostname，hostname 诊断程序逻辑用于显示当前的主机名。该命令不带任何参数，运行结果如图 6-5 所示。

图 6-5　hostname 命令使用示例

步骤四：使用 ping 命令

（1）要检测 IP 协议是否配置正确，可以使用 ping 命令 ping 目的主机的 IP 地址，如 ping 192.168.1.3，如图 6-6 所示，源主机向目的主机发送 4 个数据包，每个数据包的大小是 32 B。

（2）如果要同时解析出目的主机，可以使用参数 a 实现，如图 6-7 所示，目标主机名称是 USER。

图 6-6　ping 命令使用

图 6-7　使用参数 a

（3）使用参数 1 设置发送缓冲区的大小，默认的数据区是 32 B，这里设置为 500 B，运行结果如图 6-8 所示。

（4）如果要发送的数据包是 6 个，可以使用参数 n 进行控制，如图 6-9 所示。

图 6-8　使用参数 l

图 6-9　使用参数 n

（5）如果要连续地向一个主机发送数据包，可以使用参数 t 实现，如图 6-10 所示，直到使用【Ctrl+C】组合键结束操作。

步骤五：使用 arp 命令

（1）如果要查看有关 arp 诊断程序参数的详细说明，则在 Windows 命令行中输入 arp /?，如图 6-11 所示。

图 6-10　使用参数 t

图 6-11　查看 arp 命令帮助

（2）查看 arp 缓存中的数据项，可以使用 arp –a 命令，结果如图 6–12 所示。

从图 6–12 中可以看出，IP 地址 192.168.1.12 的类型（type）为动态的（dynamic），如果将 IP 地址为 192.168.1.12、物理地址为 f0–76–1c–c0–b3–86 的数据项添加为静态的，则使用 arp –s int_addr eth_addr[if_addr] 命令格式，具体实现如图 6–13 所示，但是添加失败，提示"拒绝访问"，这个问题在 Windows 7 版本后的操作系统已经出现，可以使用 netsh 命令添加静态数据项。

图 6–12　arp 命令使用示例　　　　　　　　　图 6–13　添加静态数据项

（3）首先，使用 netsh interface ipv4 show interface 命令（此命令可以简写为 netsh i i sh in）来查找网卡的 idx 值，如图 6–14 所示，此网卡的 idx 值是 12。

（4）使用 netsh –c "i i"add neighbors idx"IP" "MAC"命令添加静态 ARP，关联 IP 地址和 MAC 地址，管理员使用 netsh –c "i i" add neighbors 12 "192.168.1.12" "f0–76–1c–c0–b3–86" 命令创建了静态 arp，如图 6–15 所示。使用 arp –a 命令查看，发现 IP 地址 192.168.1.12 的类型已经变为静态（static）。

图 6–14　查看网卡 idx 值　　　　　　　　　图 6–15　添加静态数据项

步骤六：使用 netstat 命令

（1）查看系统中 TCP 协议的信息，可以使用 netstat –p tcp 命令，如图 6–16 所示。

（2）查看路由表信息，可以使用 netstat –r 命令，如图 6–17 所示。

图 6-16　查看 TCP 协议信息　　　　图 6-17　查看路由表信息

步骤七：使用 tracert 命令

在 Windows Server 2016 提示符下运行 tracert 命令，可以显示所有的参数及其说明。如果想知道远程服务器 www.163.com 的路由，可使用 tracert www.163.com 命令显示从本机到主机 www.163.com 的路由，如图 6-18 所示。

图 6-18　tracert 命令的使用

任务 12　配置 Windows Server 2016 DHCP 服务器

学习目标

- 掌握 DHCP 的基本知识。
- 能够安装 DHCP 服务器。
- 能够配置 DHCP 服务器。
- DHCP 客户机能够动态获得 IP 地址。

任务引入

某公司网络管理员要以 Windows Server 2016 网络操作系统为平台，建设 DHCP 服务器，规划服务器地址和作用域范围，为 200 台主机分配地址，使用 192.168.1.0/24 网段，使公司员工能够动态获得 IP 地址，DHCP 服务器的 IP 地址是 192.168.1.2 公司的网络拓扑图，如图 6-19 所示。

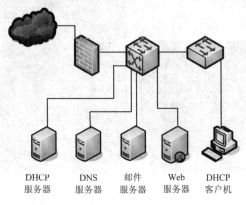

图 6-19   公司网络拓扑图

任务要求

（1）设置默认网关的 IP 地址是 192.168.1.1。

（2）设置 DNS 服务器的 IP 地址是 192.168.1.2。

（3）设置 Web 服务器的 IP 地址是 192.168.1.3。

（4）设置邮件服务器的 IP 地址是 192.168.1.10。

（5）设置 DHCP 服务器的 IP 地址是 192.168.1.4，地址池范围是 192.168.1.1～192.168.1.245，排除地址范围是 192.168.1.1～192.168.1.30。

任务分析

作为公司的网络管理员，为了完成该任务，首先进行网络规划，因为公司使用网段为 192.168.1.0/24，要为 200 台主机提供服务，须将地址池的范围规划在 192.168.1.20/24～192.168.1.245/24。首先安装 DHCP 服务器，然后按照公司要求进行配置，最后客户端获得 IP 地址，验证成功。

相关知识

1．DHCP 概述

在使用 TCP/IP 网络时，每一台计算机都必须有一个唯一的 IP 地址，计算机之间依靠 IP 地址进行通信。因而，IP 地址的管理、分配与设置就显得非常重要。如果网络管理员手动为每台计算机设置 IP 地址，当计算机数量比较多时就会特别麻烦，而且也很容易出错。使用动态主机配置协议（Dynamic Host Configuration Protocol，DHCP）就可解决这个问题。DHCP 服务器可以自动为局域网中的计算机分配 IP 地址及 TCP/IP 设置，大大减轻了网络管理员的工作负担，并减少了 IP 地址故障的发生。

2．DHCP 作用

在使用 TCP/IP 协议的网络中，每台工作站在访问网络及其资源之前，都必须进行基本的网络配置，一些主要参数诸如 IP 地址、子网掩码、默认网关、DNS 等必不可少，还可能需要一些附加的信息如 IP 管理策略之类。

在大型网络中，确保所有主机都拥有正确的配置是一件相当困难的管理任务，尤其对于含有漫游用户和笔记本式计算机的动态网络更是如此，经常有计算机从一个子网移到另一个子网以及从网络中移出。手动配置或重新配置数量巨大的计算机可能要花费很长时间，而 IP 主机配置过程中的错误可能导致该主机无法与网络中的其他主机通信。

因此，需要有一种机制来简化 IP 地址的配置，实现 IP 的集中式管理。而 IETF（Internet 工程任务组）设计的动态主机配置协议（Dynamic Host Configuration Protocol，DHCP）正是这样一种机制。

DHCP 是一种客户机/服务器协议，该协议简化了客户机 IP 地址的配置和管理工作以及其他 TCP/IP 参数的分配，基本上不需要网络管理人员的人为干预。网络中的 DHCP 服务器给运行 DHCP 的客户机自动分配 IP 地址和相关的 TCP/IP 的配置信息。

DHCP 服务器拥有一个 IP 地址池，当任何启用 DHCP 的客户机登录到网络时，可从它那里租借一个 IP 地址。因为 IP 地址是动态的（租借），而不是静态的（永久分配），不使用的 IP 地址就自动返回地址池，供再分配，从而大大节省了 IP 地址空间。而且，DHCP 本身被设计成 BOOTP（自举协议）的扩展，支持需要网络配置信息的无盘工作站，对需要固定 IP 地址的系统也提供了相应的支持。

在用户的企业网络中应用 DHCP 有以下优点：

（1）减少错误。通过配置 DHCP，把手动配置 IP 地址所导致的错误减少到最低程度，例如将已分配的 IP 地址再次分配给另一设备所造成的地址冲突等将大大减少。

（2）减少网络管理。TCP/IP 配置是集中化和自动完成的，不需要网络管理员手动配置。

3．DHCP 规划

在安装 DHCP 服务之前，DHCP 服务器本身必须采用固定的 IP 地址，还必须规划 DHCP 服务器的可用 IP 地址。在规划 DHCP 服务器时需要考虑以下几方面的问题：

1）需要建立多少个 DHCP 服务器

通常认为每 10 000 个客户需要两台 DHCP 服务器，一台作为主服务器，另一台作为备份服务器。但在实际工作中，用户要考虑到路由器在网络中的位置，是否在每个子网中都建立 DHCP 服务器，以及网段之间的传输速度。如果两个网段间是用慢速拨号连接在一起的，那么用户就需要在每个网段设立一个 DHCP 服务器。

对于一台 DHCP 服务器没有客户数的限制，在实际中受用户所使用的 IP 地址所在的地址分类及服务器配置（如磁盘的容量、CPU 的处理速度等）的限制。

2）如何支持其他子网

如果需要 DHCP 服务器支持网络中的其他子网，则首先要确定网段间是否用路由器连接在一起，路由器是否支持 DHCP/BOOTP relay agent，如果路由器不支持 relay agent，那么使用以下方案来解决：

（1）DHCP relay agent 组件。

（2）一台安装了 Windows Server 2016 并被设置为本地 DHCP 服务器的计算机。

（3）规划企业网所需考虑的问题。

（4）DHCP 服务器在网络中的地位将随着路由器的广泛使用而降至最低。

（5）为每个范围的 DHCP 客户机指定相应的选项类型，并设置相应的数值。

（6）充分认识到慢速广域网连接所带来的影响。

任务实施

扫一扫

任务12
配置 Windows
Server 2016
DHCP 服务器

步骤一：安装 DHCP 服务器

DHCP 服务器需要安装 TCP/IP 协议，并设置固定的 IP 地址信息。在 Windows Server 2016 操作系统中，有两种方法安装 DHCP 服务，分别是使用"配置您的服务器向导"和使用"Windows 组件向导"。

首先，DHCP 服务器必须是一台安装有 Windows Server 2016 的计算机；其次是给要担任 DHCP 服务器功能的计算机安装 TCP/IP 协议，并设置 IP 地址、子网掩码、默认网关等内容，而且 DHCP 服务器必须使用静态 IP 地址。

安装 DHCP 服务的步骤如下：

（1）选择"服务器管理器"命令，弹出"服务器管理器"窗口，如图 6-20 所示。

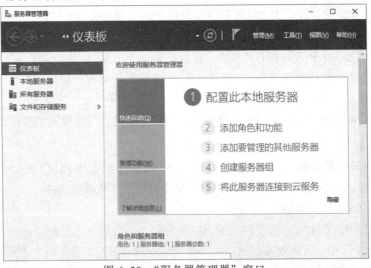

图 6-20 "服务器管理器"窗口

（2）单击"添加角色和功能"超链接，弹出"添加角色和功能向导"窗口，如图 6-21 所示，提示安装之前，确定管理员账号已经设置强密码、已经为服务器设置了 IP 地址等，单击"下一步"按钮执行后续操作。

（3）选择"安装类型"，可以选择在实际的物理计算机、虚拟机或者脱机虚拟硬盘上安装角色和功能，如图 6-22 所示，管理员选择"基于角色或基于功能的安装"单选按钮，即在本机上安装。

图 6-21　"添加角色和功能向导" 窗口

图 6-22　"选择安装类型"窗口

（4）单击"下一步"按钮，弹出"选择目标服务器"窗口，如图 6-23 所示，选中"从服务器池中选择服务器"单选按钮，服务器的名称是 server，IP 地址是 192.168.1.2。

（5）单击"下一步"按钮，弹出"选择服务器角色"窗口，如图 6-24 所示，当选择"DHCP服务器"时，弹出确认添加 DHCP 服务器所需的功能窗口，如图 6-25 所示，单击"添加功能"按钮。

（6）单击"下一步"按钮，弹出"选择功能"窗口，如图 6-26 所示，选择默认选项即可。

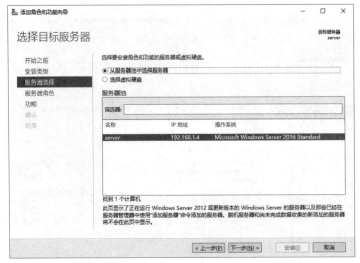

图 6-23 "选择目标服务器"窗口

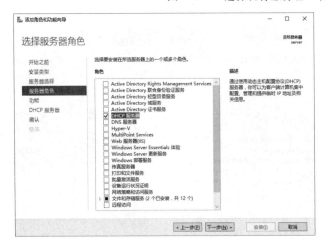

图 6-24 "选择服务器角色"窗口

图 6-25 确认添加功能

图 6-26 "选择功能"窗口

（7）单击"下一步"按钮，弹出"DHCP 服务器"窗口，如图 6-27 所示，该窗口对 DHCP 服务进行简单介绍，并提示安装 DHCP 注意事项。

图 6-27 "DHCP 服务器"窗口

（8）单击"下一步"按钮，弹出"确认安装所选内容"窗口，如图 6-28 所示，单击"安装"按钮开始安装 DHCP 服务器。安装需要几分钟的时间，如图 6-29 所示。

图 6-28 "确认安装所选内容"窗口

图 6-29 正在安装 DHCP 服务器

（9）安装和配置完成后，在服务器管理器左侧出现 DHCP 服务器，如图 6-30 所示。

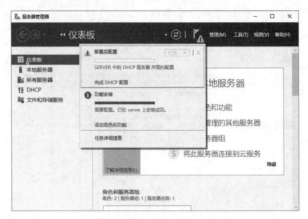

图 6-30　DHCP 服务器安装完成

（10）DHCP 服务器安装后，在"服务器管理器"上方有一个 ⚠ 图标，双击该图标，完成
DHCP 安装后配置向导，如图 6-31 所示，单击"提交"按钮，完成创建，如图 6-32 所示。

图 6-31　"DHCP 安装后配置向导"窗口

图 6-32　成功创建安全组

步骤二：添加授权 DHCP 服务器

安装 DHCP 服务后，用户必须首先添加一个授权的 DHCP 服务器，并在服务器中添加作用域，设置相应的 IP 地址范围及选项类型，以便 DHCP 客户机在登录到网络时，能够获得 IP 地址租约和相关选项的设置参数。

启动 DHCP 管理控制台，如图 6-33 所示，选择"操作"→"添加服务器"命令，弹出图 6-34 所示的对话框，可以直接输入支持 DHCP 服务的计算机名称，如 server，也可以单击"浏览"按钮，弹出"选择计算机"对话框，单击"高级"→"立即查找"按钮后找到支持 DHCP 服务的计算机。

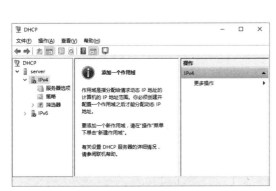

图 6-33　DHCP 管理控制台

图 6-34　"添加服务器"对话框

步骤三：在 DHCP 服务器中添加作用域

当 DHCP 服务器被授权后，还需要对其设置 IP 地址段（又称 IP 作用域或 IP 地址范围）。给 DHCP 服务器设置了 IP 地址段后，当 DHCP 客户端向 DHCP 服务器发出 IP 地址请求时，DHCP 服务器才会从该地址段中选择一个还没有被使用的 IP 地址，并将其出租给发出请求的 DHCP 客户端。所以，DHCP 服务器中 IP 地址段内所包含的 IP 地址的多少，决定了该 DHCP 服务器可管理的 DHCP 客户端的数量。

（1）在 DHCP 控制台中单击要添加作用域的服务器，选择"操作"→"新建"→"作用域"命令，弹出"新建作用域向导"对话框，如图 6-35 所示。

（2）单击"下一步"按钮，弹出"作用域名称"对话框，在此输入域名 injd.dhcp，如图 6-36 所示。

（3）单击"下一步"按钮，弹出"IP 地址范围"窗口，如图 6-37 所示。

①"起始 IP 地址"和"结束 IP 地址"设置项用来限制 DHCP 服务器的 IP 地址段。这里使用的 IP 地址是私有的 C 类地址，可用的主机范围是 1～254，所以在"起始 IP 地址"中输入 192.168.1.1，在"结束 IP 地址"中输入 192.168.1.254。

②"长度"和"子网掩码"的功能是一致的，都是对 DHCP 服务器提供的 IP 地址的子网掩码进行设置。如果选择"子网掩码"来设置，则可以直接在其后指定子网掩码的值，当输入结束后，"长度"的值将自动变为 24，这是因为"子网掩码"的值 255.255.255.0 共用了 24 位，即

3 个 255；如果选择"长度"则需要输入该类网络中表示网络 ID 的位数。

图 6-35 "新建作用域向导"对话框

图 6-36 输入域名名称

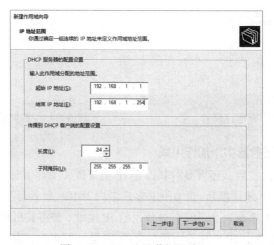

图 6-37 "IP 地址范围"窗口

（4）单击"下一步"按钮，在弹出的"添加排除和延迟"窗口中输入需要排除的 IP 地址的范围，如图 6-38 所示，排除的范围是"192.168.1.1 到 192.168.1.10"，输入完成后，必须单击右侧的"添加"按钮，设置才能够生效。

（5）单击"下一步"按钮设置租用期限（默认为 8 天）。一般情况下，当网络中的 IP 地址比较紧张时，可将租期时间设得短一些；而 IP 地址不紧张时，租期可以设得长一些，如图 6-39 所示。

（6）单击"下一步"按钮，弹出"配置 DHCP 选项"对话框。如果选中"是，我想现在配置这些选项"单选按钮，继续 DNS 服务器、默认网关、WINS 服务器等内容的配置；如果网络中暂时不需要这些服务时，可选中"否，我想稍后配置这些选项"单选按钮，需要时再进行配置，如图 6-40 所示。

（7）单击"下一步"按钮输入默认网关 IP 地址，如图 6-41 所示。如果网络暂时不需要与互联网相连，可以不设置网关。

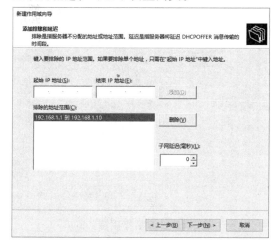

图 6-38 "添加排除和延迟"窗口

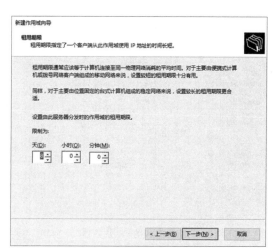

图 6-39 "租用期限"窗口

图 6-40 "配置 DHCP 选项"窗口

图 6-41 "路由器（默认网关）"窗口

（8）单击"下一步"按钮，输入域名称和 DNS 服务器的 IP 地址，如图 6-42 所示。输入服务器名称并单击"解析"按钮，如果服务器名称正确，则在"IP 地址"位置会自动解析出服务器的 IP 地址，单击右侧的"添加"按钮即可。

（9）单击"下一步"按钮，添加 WINS 服务器的地址，WINS 服务器是为了和以前的版本相兼容，可以不添加。单击"下一步"按钮，在弹出的"激活作用域"窗口中选中"是，我想现在激活此作用域"单选按钮，如图 6-43 所示。

（10）在 DHCP 控制台中出现新添加的作用域，如图 6-44 所示。

在 DHCP 控制台中作用域下多了如下 5 项：

① 地址池。用于查看、管理现在的有效地址范围和排除范围。

② 地址租用。用于查看、管理当前的地址租用情况。

③ 保留。用于添加、删除特定保留的 IP 地址。

图 6-42 "域名称和 DNS 服务器"窗口 　　　　　 图 6-43 "激活作用域"窗口

图 6-44 已建立的作用域

④ 作用域选项。用于查看、管理当前作用域提供的选项类型及其设置值。

⑤ 策略：这是 Windows Server 2016 新添加功能，可以将现有作用域划分成更小的区域，按照一定的策略要求分配给客户端用户。

设置完毕，当 DHCP 客户机启动时，可以从 DHCP 服务器获得 IP 地址租用及选项设置。

（11）设置排除地址。在新建作用域时，已经做过设置排除地址，如果还需要新建排除地址，则展开"作用域"结点，右击"地址池"选项，在弹出的快捷菜单中选择"新建排除范围"命令，弹出如图 6-45 所示的"添加排除"对话框，输入起始 IP 地址和结束 IP 地址后单击"添加"按钮即可。设置排除地址后的 DHCP 管理控制台如图 6-46 所示。

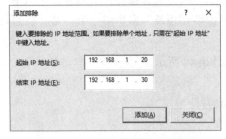
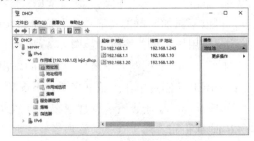

图 6-45 "添加排除"对话框 　　　　　 图 6-46 新建排除地址后的控制台

（12）保留特定的 IP 地址。如果用户想保留特定的 IP 地址给指定的客户机，如 DNS 服务器、Web 服务器和邮件服务器，以便服务器在每次启动时都获得相同的 IP 地址，可以使用保留设置。

① 启动 DHCP 控制台。

② 在左侧窗格中选择作用域中的保留项。

③ 选择"操作"→"添加"命令，弹出"新建保留"对话框，如图 6-47 所示。

④ 在"IP 地址"文本框中输入保留给 DHCP 客户端的 IP 地址，如邮件服务器的 IP 地址是 192.168.1.3。

⑤ 在"MAC 地址"文本框中输入上述 IP 地址要保留给哪一个网卡号，每一块网卡都有一个唯一的号码，可利用网卡附带的软件进行查看，在 Windows XP 或 Windows 2000、Windows Server 2016 计算机中，可利用 ipconfig/all 命令查看，查得邮件服务器的 MAC 地址是 00-03-29-08-ec-fc，输入在"MAC 地址"一栏中。

注意：如果网卡号未满 12 个字符，则在输入时前面补 0。

⑥ 在"保留名称"文本框中输入客户名称，如 DHCP 服务器名。注意，此名称只是一般的说明文字，并不是用户账号的名称，但此处不能为空白。

⑦ 如果需要，可以在"描述"文本框中输入一些描述此客户的说明性文字。

使用同样的方法将 Web 服务器等设置保留，添加完成后，可以展开"作用域"→"保留"结点进行查看，如图 6-48 所示。

图 6-47　"新建保留"对话框

图 6-48　已新建了保留

注意：如果在设置保留地址时，网络上有多台 DHCP 服务器存在，则用户需要在其他服务器中将此保留地址排除，以便客户机可以获得正确的保留地址。

（13）配置 DHCP 选项。DHCP 选项是指 DHCP 客户端从 DHCP 服务器获得的公共配置信息，包括默认网关（路由器）地址、DNS 服务器地址等信息。

在 DHCP 管理控制台中，展开要进行配置的作用域目录树，右击"作用域选项"图标，在弹出的快捷菜单中选择"配置选项"命令，弹出"作用域选项"对话框，如图 6-49 所示。

如管理员将系统中 DNS 服务器选项设置为 192.168.1.3，选中"可用选项"中的"006 DNS 服务器"，在 IP 地址下方的文本框中输入"192.168.1.3"，单击"添加"按钮添加完成，再单击"确定"按钮完成 DNS 服务器设置，其他可用选项可按照同样的方法根据具体网络进行设置。

（14）设置租期。由 DHCP 服务器为其客户机租用 IP 地址。每份租用都有期限，租用到期后，如果客户机要继续使用该地址，就必须续订。租用到期后，将在服务器数据库中保留大约1 天的时间，以确保在客户机和服务器处于不同的时区、单独的计算机时钟没有同步、在租用过期时客户机从网络上断开等情况下，能够维持客户租用。用户也可以通过删除租用来强制中止租用。删除租用与客户租用过期有相同的效果，下一次客户机启动时，必须进入初始化状态，并从 DHCP 服务器中获得新的 TCP/IP 配置信息。

在 DHCP 控制台中右击要修改的作用域名称，在弹出的快捷菜单中选择"属性"命令，弹出作用域属性对话框，如图 6-50 所示。

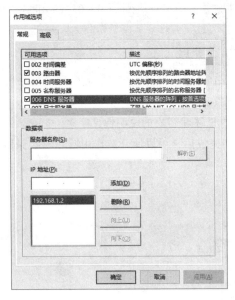

图 6-49　"作用域选项"对话框

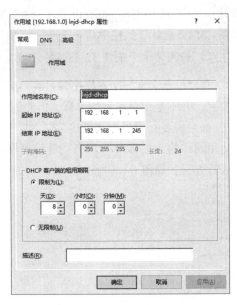

图 6-50　作用域属性对话框

在该对话框中，既可以修改作用域的 IP 地址，又可以修改 DHCP 客户端的租用期限。

在"DHCP 客户端的租用期限"选项组中，可以更改租用期限。在"限制为"中可以修改租约时间。租约默认期限为 8 天，一般这个值已足够了。但是由于租用续订可以影响 DHCP 客户端和网络性能，因此更改租用期限有时非常有用。若选中"无限制"单选按钮，则指定 IP 租用永不过期。

注意：如果为提高容错性而在同一个网段上使用两台 DHCP 服务器，则在分配 IP 地址范围时，要注意考虑到 DHCP 服务器的平衡使用因素，一般采用 80/20 的规则，即将所有可用的 IP 地址范围按 8:2 的比率分开，一台 DHCP 服务器提供 80%的 IP 地址租用，另一台提供其他 20%的 IP 地址租用。具体设置方法如下：假设要在某个网段上提供的 IP 地址范围是 192.168.1.1～192.168.1.254，把两台服务器的作用域按分配的地址范围都设置为 192.168.1.1～192.168.1.254，只是在设置排除范围时加以区分，如表 6-1 所示。

表 6-1　多服务器 IP 地址分配

服　务　器	分配的地址范围	排除的地址范围
服务器 1	192.168.1.1～192.168.1.254	192.168.1.201～192.168.1.254
服务器 2	192.168.1.1～192.168.1.254	192.168.1.1～192.168.1.200

步骤四：DHCP 客户机获得 IP 地址

（1）在安装或设置 TCP/IP 时，打开"控制面板"窗口，双击"网络和拨号连接"选项，在弹出的窗口中双击"本地连接"选项，在弹出的对话框中单击"属性"按钮，在弹出的"本地连接 属性"对话框中选中"Internet 协议（TCP/IP）"复选框，单击"属性"按钮，弹出图 6-51 所示的对话框，可得知本客户机的 IP 地址是 192.168.1.12。

选中"自动获得 IP 地址"单选按钮，如图 6-52 所示，这样在该属性中就无法查看本机的 IP 地址，此时可以使用命令提示符进行操作。

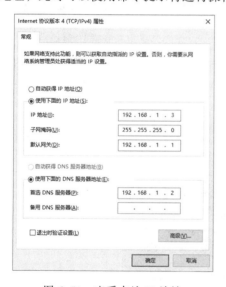

图 6-51　查看本地 IP 地址

图 6-52　自动获得 IP 地址

（2）按【Win+R】组合键，在"运行"对话框中输入 cmd，弹出命令窗口，输入 ipconfig 命令，查看结果如图 6-53 所示，IP 地址已经由 192.168.1.12 变成了 192.168.1.31，因为 DHCP 服务器的排除范围是 192.168.1.1～192.168.1.30，所以客户机获得的 IP 地址是从 31 开始的。

图 6-53　查看自动获得 IP 地址

（3）客户机直接使用此 IP 地址即可。为了更好地帮助客户机理解释放 IP 地址的过程，使用 ipconfig/release 命令将 IP 地址释放，如图 6-54 所示，IP 地址没有显示，说明已经释放，没有 IP 地址。

（4）使用 ipconfig/renew 命令重新获得 IP 地址，如图 6-55 所示，IP 地址还是 192.168.1.31，DHCP 服务器在分配 IP 时，遵循尽最大能力分配原来的 IP 地址，除非原来的 IP 地址已经被其他客户机使用，再分配新的 IP 地址。

图 6-54　使用命令 ipconfig/release 释放 IP 地址

图 6-55　重新获得 IP 地址

（5）最后使用 ipconfig/all 命令查看网卡的详细信息，如图 6-56 所示，可以看到 DHCP 服务器是 192.168.1.2，默认网关是 192.1681.1，DNS 服务器是 192.168.1.3，与 DHCP 服务器设置符合。

图 6-56　查看 DHCP 服务器

任务 13　配置 DHCP 超级作用域

学习目标

- 了解 DHCP 超级作用域的作用。
- 能够配置 DHCP 超级作用域。

任务引入

某公司网络管理员在公司局域网中的每一个子网中都设立 DHCP 服务器，要求以 Windows Server 2016 网络操作系统为平台。

任务要求

（1）配置每个子网的作用域。
（2）配置超级作用域。

任务分析

作为网络管理员，应该具备熟练配置 DHCP 超级作用域的能力，首先按照网络规模与要求配置每个子网的作用域，规划网段和作用域名称，然后建立超级作用域，为客户机分配 IP 地址。

相关知识

每一台 DHCP 客户机在初始启动时，都需要在子网中以有限广播的形式发送 DHCP discover 消息，如果网络中有多台 DHCP 服务器，用户将无法预知是哪一台服务器响应客户机的请求。假设网络上有两台服务器：服务器 1 和服务器 2，它们分别提供不同的地址范围，如果服务器 1 为客户机通过地址租用，则在租期达到 50% 时客户机要与服务器 1 取得通信以便更新租期；如果无法与服务器 1 进行通信，在租期达到 87.5% 时，客户机进入重新申请状态，客户机在子网上发送广播。如果服务器 2 首先响应，由于服务器 2 提供的是不同的 IP 地址范围，它不知道客户机现在所使用的是有效的 IP 地址，因此它将发送 DHCP NAK（Negative Acknowledgement）给客户机，客户机无法获得有效的地址租用。在服务器 1 处于激活状态时，这种情况也可能发生。

所以需要在每个服务器上都配置超级作用域，以防止上述问题的发生。超级作用域包括子网中所有的有效地址范围作为它的成员范围，在设置成员范围时，把子网中其他服务器所提供的地址范围设置成排除地址。

任务实施

扫一扫

任务13
配置 DHCP 超级作用域

步骤一：配置每个子网的作用域

按照任务 12 的步骤，创建 3 个作用域，分别是网段 192.168.1.0，作用域的名称是 lnjd-dhcp；网段 192.168.5.0，作用域的名称是财务处；网段 10.0.0.0，作用域的名称是教务处。

步骤二：配置超级作用域

（1）右击"服务器"选项并在弹出的快捷菜单中选择"新建超级作用域"命令，弹出"新建超级作用域向导"对话框，输入超级作用域名称，这里输入 superdhcp，如图 6-57 所示。

（2）单击"下一步"按钮，弹出"选择作用域"窗口，可选择要加入超级作用域管理的作用域，如图 6-58 所示。

图 6-57　"新建超级作用域向导"对话框

图 6-58　"选择作用域"对话框

（3）单击"下一步"按钮，弹出"正在完成新建超级作用域向导"窗口，显示超级作用域相关信息，如图 6-59 所示。

（4）当单击"完成"按钮完成超级作用域创建后，会显示在 DHCP 管理控制台中，如图 6-60 所示，而且还可以将其他作用域也添加到该超级作用域中。

图 6-59　超级作用域相关信息

图 6-60　已创建好的超级作用域

任务 14　管理 DHCP 数据库

学习目标

- 能够备份 DHCP 数据库。
- 能够还原 DHCP 数据库。
- 能够重整 DHCP 数据库。

 **任务引入**

某公司网络管理员已经配置了 DHCP 服务器，为了保证数据库安全，要对 DHCP 服务器进行管理，要求以 Windows Server 2016 网络操作系统为平台。

任务要求

（1）能备份 DHCP 数据库。

（2）能还原 DHCP 数据库。

（3）能重整 DHCP 数据库。

任务分析

作为网络管理员，应该具备熟练管理 DHCP 服务器的能力，以提高 DHCP 服务器的安全性，要熟练掌握 DHCP 数据库的备份和还原，要定期备份 DHCP 数据库，当数据库出现问题时，能够还原数据库。

相关知识

DHCP 数据库的备份和还原很重要，如果利用本机进行数据库的备份与还原，可以提高 DHCP 服务器的安全性，如果是新建的 DHCP 服务器，该服务器直接使用原有的配置信息，减少了配置工作，加快了恢复速度并且避免了因配置错误导致的 IP 冲突。

任务实施

扫一扫

任务14
管理 DHCP 数据库

步骤一：备份数据库

（1）DHCP 服务器的超级作用域设置完成后如图 6-60 所示。

（2）要备份该 DHCP 服务器，打开 DHCP 控制台，在左侧窗口中右击服务器名称 server，选择"备份"命令，如图 6-61 所示。

（3）弹出"浏览文件夹"窗口，选择要备份文件的路径，如图 6-62 所示。

DHCP 服务器中的设置数据存放在 dhcp.mdb 的数据库文件中，在 Windows Server 2016 系统中，该文件位于 C:\ Windows \system32\dhcp 文件夹中，如图 6-63 所示，建议用户不要随意修改或删除这个文件。

在该文件夹中还存在一个名为 backup 的子文件夹，这个文件夹中保存着 DHCP 数据库及注册表中相关文件的备份，该文件名称是 DhcpCfg，可供修复时使用。DHCP 默认设置是每隔 60 min 自动将它们备份到 backup 文件夹中。

如果用户想更改这个时间间隔，可以通过修改 BackupInterval 这个注册表参数来实现，它位于 registry key 中：

```
HKEY_LOCAL_MACHINE\SYSTEM\CurrentControlSet\Services\DHCPServer \Parameters
```

如果发现 DHCP 数据库中的设置与注册表中的相应设置不一致，用户可以利用协调（Reconcile）功能让两者的数据一致。协调的方法是首先选择作用域，然后选择"操作"→"协调"命令，用户应该定期执行协调操作，以确保 DHCP 数据库的正确性。

（4）单击图 6-62 中的"确定"按钮，完成 DHCP 数据库的备份。

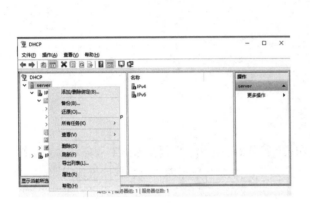

图 6-61　选择"备份"命令

图 6-62　选择备份数据库路径

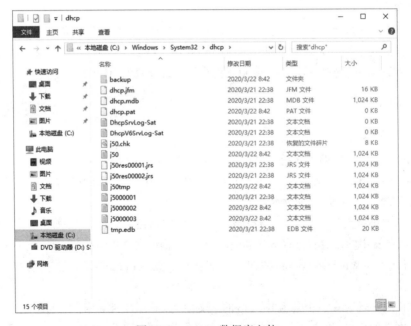

图 6-63　DHCP 数据库文件

步骤二：还原数据库

（1）在准备还原的服务器上安装 DHCP 服务，不必进行作用域创建工作，如图 6-64 所示。

（2）将已经备份好的数据库文件 DhcpCfg 存放于目标服务器的 C:\Windows\system32\ dhcp\ backup 文件夹下。

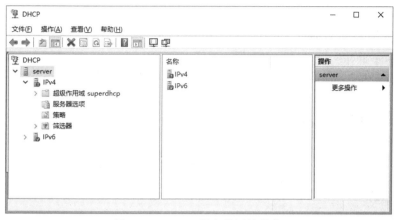

图 6-64　DHCP 服务器原始状态

（3）打开 DHCP 控制台，在左侧窗口中右击服务器名称 server，在弹出的对话框中选择"还原"命令。

（4）弹出"浏览文件夹"对话框，选择备份文件所在的文件夹，如图 6-65 所示。

（5）单击"确定"按钮，系统提示必须停止和重新启动服务，如图 6-66 所示，单击"是"按钮。

（6）服务器首先停止服务，然后再启动服务，如图 6-67 所示。

（7）数据库恢复后，弹出"该数据库已成功还原"提示框，如图 6-68 所示。DHCP 控制台已经恢复到如图 6-60 所示的界面。

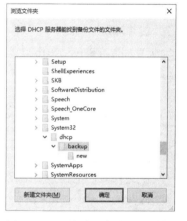

图 6-65　"浏览文件夹"对话框

图 6-66　停止服务提示框

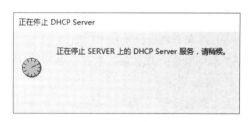

图 6-67　重启服务

步骤三：重整数据库

在 DHCP 数据库的使用过程中，相关的数据因为不断被更改，所以其分布变得非常零乱，会影响系统的运行效率。为此，当 DHCP 服务器使用一段时间后，一般建议用户利用系统提供的 jetpack.exe 程序对数据库中的数据进行重新调整，从而实现对数据库的优化。

jetpack.exe 程序是一个字符型的命令程序，必须手动进行

图 6-68　数据库成功还原提示框

操作：

（1）cd \ Windows \system32\dhcp（进入 DHCP 目录）。

（2）Net stop dhcpserver（让 DHCP 服务器停止运行）。

（3）Jetpack dhcp.mdb temp.mdb（dhcp.mdb 是 DHCP 数据库文件，temp.mdb 是用于调整的临时文件）。

（4）Net start dhcpserver（让 DHCP 服务器开始运行）。

技 能 训 练

1．训练目的

（1）掌握 DHCP 服务器的基本知识。

（2）能够配置 DHCP 服务器。

（3）能够在客户端进行验证。

2．训练环境

（1）Windows Server 2016 计算机。

（2）Windows 客户机。

3．训练内容

（1）规划 DHCP 服务器，并画出网络拓扑图。

（2）配置 DHCP 服务器。

① DHCP 服务器作用域的名称是 testdhcp。

② IP 地址池的范围是 192.168.14.100～192.168.14.250。

③ 网关地址为 192.168.14.253。

④ 域名服务器地址为 192.168.14.252。

⑤ 域名为 linux.com。

⑥ 将 IP 地址 192.168.14.1 保留给固定的服务器使用。

（3）在客户端进行申请 IP 操作。

在客户端访问 DHCP 服务器，申请 IP 地址。

4．训练要求

实训分组进行，可以 2 人一组，小组讨论，确定方案后进行讲解，教师给予指导，全体学生参与评价，方案实施过程中，一个计算机作为 DHCP 服务器，另一个计算机作为客户机，要轮流进行角色转换。

5．实训总结

完成实训报告，总结项目实施中出现的问题。

单元 7 | 管理 Windows Server 2016 DNS 服务器

本单元设置 1 个任务,该任务详细介绍了 DNS 服务器安装、创建和管理 DNS 正向查找区域、创建 DNS 辅助服务器、创建和管理 DNS 反向查找区域、管理与维护 DNS 服务器、设置 DNS 转发器和客户机使用 DNS 服务。

任务 15　配置 Windows Server 2016 DNS 服务器

学习目标

- 掌握 DNS 的基本知识。
- 能够安装 DNS 服务器。
- 能够配置 DNS 服务器。
- 能够使用 DNS 客户机进行 DNS 服务验证。

任务引入

某公司网络管理员要以 Windows Server 2016 网络操作系统为平台,为公司建设 DNS 服务器,规划邮件服务器、Web 服务器和 FTP 服务器的服务器地址和域名,使公司员工能够使用域名访问 Web 服务器和 FTP 服务器。公司的域名为 lnjd.com,公司的网络拓扑图如图 7-1 所示。

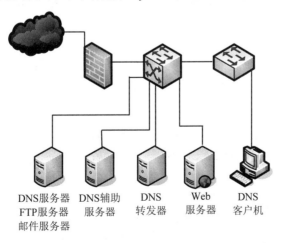

图 7-1　公司网络拓扑图

任务要求

（1）要求公司域名为 lnjd.com。

（2）要求公司员工使用域名 ftp.lnjd.com 访问公司 FTP 站点。

（3）要求公司员工使用域名 web1.lnjd.com 和 web2.lnjd.com 访问公司网站。

（4）要求公司员工使用域名 mail.lnjd.com 架设公司邮件服务器。

（5）目前公司网络中的 DNS 服务器名称为 server.lnjd.com，需要提供反解析的服务。

（6）为了达到容错的目的，须将 IP 地址为 192.168.1.253 的主机设置为辅助服务器，防止主要 DNS 服务器出现故障时产生的服务中断。

（7）为了能够解析 Internet 中所有的域名，设置转发器。

任务分析

作为公司的网络管理员，为了完成该任务，需要进行网络规划。因为公司规模限制，两个 Web 服务器的 IP 地址设置为 192.168.1.4 和 192.168.1.5，FTP 服务器的 IP 地址设置为 192.168.1.3，主要 DNS 服务器的 IP 地址设置为 192.168.1.2，辅助 DNS 服务器的 IP 地址设置为 192.168.1.253，邮件服务器的 IP 地址设置为 192.168.1.3，转发器的 IP 地址设置为 192.168.1.8。

首先利用 DNS 服务器建立公司域名 lnjd.com，然后添加记录 web1.lnjd.com、web2.lnjd.com，使用户能够使用域名 web1.lnjd.com 和 web2.lnjd.com 访问公司网站，然后建立 DNS 服务器记录 server.lnjd.com，为 FTP 服务器创建别名 ftp.lnjd.com，实现使用域名 ftp.lnjd.com 访问 FTP 站点，创建邮件服务器记录，实现使用域名 mail.lnjd.com 访问邮件服务器，并将 IP 地址为 192.168.1.253 的计算机设置为辅助服务器，将 IP 地址为 192.168.1.8 的计算机设置为转发器，最后在客户端进行验证。

相关知识

互联网上的计算机用 32 位的 IP 地址作为自己的唯一标识，但是访问某个网站时，一般在地址栏中输入的是名称而不是 IP 地址，如 www.hao123.com。为什么不用输入 IP 地址也能找到相应的网站呢？这就是域名系统（Domain Name System，DNS）的作用。用户通过 32 位的 IP 地址浏览互联网非常不方便，但要记住有意义的名称却相对容易。输入名称后，DNS 将名称转换为对应的 IP 地址，并找到相应的网站，再把网页传回给浏览器，这样就看到了网页内容。

1．因特网的命名机制

ARPANET 初期，整个网络上的计算机数量不多，只有几百台，所有计算机的主机名字和相应的 IP 地址都放在一个名为 host 的文件中，输入主机名查找 host 文件，很快就可以找到对应的 IP 地址。

但由于因特网飞速发展，很快覆盖了全球，计算机数量非常巨大，如果还用一个文件来存放计算机名和对应的 IP 地址，必然会导致计算机负担过重而无法工作。1983 年，因特网采用分布式的域名系统（DNS）来管理域名。

域名结构由多个层次组成：

...四级域名.三级域名.二级域名.顶级域名

例如：fudan.edu.cn。

顶级域名有 3 类：

（1）国家或地区顶级域名：国家或地区顶级域名代表国家或地区的代码，现在使用的国家或地区顶级域名约为 200 个。例如，cn 代表中国；us 代表美国；uk 代表英国；nl 代表荷兰；jp 代表日本。

（2）国际顶级域名：采用 int，国际性的组织可在 int 下注册。

（3）通用顶级域名：com 表示公司企业；edu 表示教育机构；net 表示网络服务机构；org 表示非营利性组织；gov 表示政府部门；mil 表示军事部门。

顶级域名由 ICANN 管理，它管理二级域名。我国将二级域名分为以下两类：

（1）类别域名：我国的类别域名有 6 个，ac 表示科研机构；com 表示工、商、金融企业；net 表示互联网络、接入网络的信息中心和运行中心；gov 表示政府部门；edu 表示教育机构；org 表示非营利性组织。

（2）行政区域名：行政区域名共 34 个，使用于各省、自治区和直辖市。例如，bj 表示北京市；he 表示河北省；ln 表示辽宁省；sh 表示上海市；xj 表示新疆维吾尔自治区。

二级域名管理三级域名，在二级域名 edu 下申请三级域名由中国教育和科研计算机网络中心负责，例如，清华大学 tsinghua、复旦大学 fudan、北京大学 pku。在其他二级域名下申请三级域名由中国互联网络信息中心管理。

图 7-2 列出了部分因特网的域名空间。

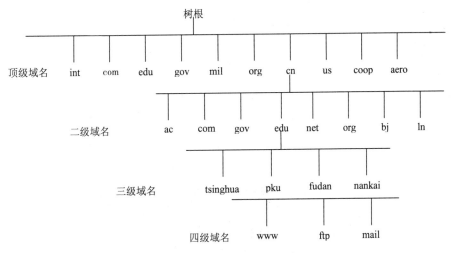

图 7-2　因特网域名结构举例

从图 7-2 可以看出，如果复旦大学有一台主机名为 mail，则这台主机的域名就是 mail.fudan.edu.cn。如果其他单位也有一台主机名为 mail，由于它们的上级域名不同，也可以保证域名不重复。

域名系统由以下 3 部分组成：

（1）域名空间和相关资源记录（RR）：它们构成了 DNS 分布式数据库系统。

（2）DNS名称服务器：这是一台维护DNS的分布式数据库系统的服务器，并查询该系统以完成来自DNS客户机的查询请求。

（3）DNS解析器：DNS客户机中的一个进程，用来帮助客户端访问DNS系统，并发出名称查询请求以获得解析的结果。

2．查询模式

域名解析有以下两种方式：

（1）递归解析：客户机的解析器送出查询请求后，DNS服务器必须告诉解析器正确的数据，也就是IP地址，或者通知解析器找不到其所需的数据。如果DNS服务器内没有所需的数据，DNS服务器会代替解析器向其他DNS服务器查询。客户机只须接触一次DNS服务器系统就可得到域名对应的IP地址。

（2）迭代解析：解析器发出查询请求后，若该DNS服务器中不包含所需的数据，它会告诉客户机另外一台DNS服务器的IP地址，使解析器自动转向另外一台DNS服务器查询，依此类推，直到查到所需数据。

例如，用户要访问域名为www.lnjd.com的主机，本机的应用程序收到域名后，解析器先向自己知道的本地DNS服务器发出请求。如果采用的解析方式是递归解析，则先查询自己的数据库，如果此域名与IP地址有对应关系，就返回IP地址；如果没有，该DNS服务器就向它知道的其他DNS服务器发出请求，直到解析完成，将结果返回给解析器；如果采用的解析方式是反复解析，并且本地DNS服务器在本地数据库中没有找到该信息，它将有可能找到该IP地址的其他域名服务器地址告诉解析器应用程序，解析器将再次向被告知的域名服务器发出请求查询，如此反复，直到查到为止。

任务实施

步骤一：安装DNS服务器

扫一扫

任务15
配置Windows
Server 2016
DNS服务器

若要使局域网内的DNS解析能够在Internet上生效，除了必须向域名申请机构申请正式的域名外，还必须申请并注册DNS解析服务。另外，DNS服务器还必须拥有固定的、可被Internet访问的IP地址。管理员已经将计算机名称设置为server，IP地址设置为192.168.1.2。

（1）选择"服务器管理器"命令，弹出"服务器管理器"窗口，如图7-3所示。

图7-3　"服务器管理器"窗口

（2）单击"添加角色和功能"超链接，弹出"添加角色和功能向导"窗口，如图 7-4 所示，提示安装之前，确定管理员账号已经设置强密码、已经为服务器设置了 IP 地址等，单击"下一步"按钮执行后续操作。

图 7-4   安装前的准备工作

（3）选择"安装类型"，可以选择在实际的物理计算机、虚拟机或者脱机虚拟硬盘上安装角色和功能，如图 7-5 所示，管理员选择"基于角色或基于功能的安装"单选按钮，即在本机上安装。

图 7-5   "选择安装类型"窗口

（4）单击"下一步"按钮，弹出"选择目标服务器"窗口，如图 7-6 所示，选中"从服务器池中选择服务器"单选按钮，服务器的名称是 server，IP 地址是 192.168.1.2。

（5）单击"下一步"按钮，弹出"选择服务器角色"窗口，如图 7-7 所示，当选择"DNS 服务器"时，弹出确认添加 DNS 服务器所需的功能窗口，如图 7-8 所示，单击"添加功能"按钮。

（6）单击"下一步"按钮，弹出"选择功能"窗口，如图 7-9 所示，保持默认选项即可。

（7）单击"下一步"按钮，弹出"DNS 服务器"窗口，如图 7-10 所示，该窗口对 DNS 服务进行简单介绍，并提示安装 DNS 注意事项。

图 7-6 "选择目标服务器"窗口

图 7-7 "选择服务器角色"窗口

图 7-8 确认添加功能

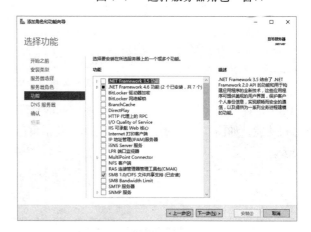

图 7-9 "选择功能"窗口

图 7-10 "DNS 服务器"窗口

（8）单击"下一步"按钮，弹出"确认安装所选内容"窗口，如图 7-11 所示，单击"安装"按钮开始安装 DNS 服务器。安装需要几分钟的时间，如图 7-12 所示。

图 7-11 "确认"窗口

图 7-12 正在安装 DNS 服务器

（9）安装和配置完成后，在服务器管理器左侧出现 DNS 服务器，如图 7-13 所示。

图 7-13 DNS 服务器安装完成

步骤二：创建和管理 DNS 正向查找区域

设置 DNS 服务器首要的任务是建立 DNS 区域和域的树状结构。在本任务中，我们创建的 DNS 区域名称为 lnjd.com。

1. DNS 的区域

安装完 DNS 服务后，要进行 DNS 服务器的配置。DNS 服务器以"区域"为管理单元进行名称解析服务。"区域"是一个数据库，代表一个间隔的域空间，将一个域名空间分隔成较小而容易管理的区段。该区域内的主机数据存储在 DNS 服务器的区域文件中。如果让 DNS 服务器完成解析功能，必须在 DNS 服务器内建立区域，以便将数据存储在区域文件中。区域分为正向查找区域和反向查找区域，正向查找区域完成将域名解析成 IP 地址，反向查找区域完成将 IP 地址解析成域名。

2. 创建正向查找区域

（1）选择"服务器管理器"窗口中的"工具"→DNS 命令，弹出"DNS 管理器"窗口，如图 7-14 所示。

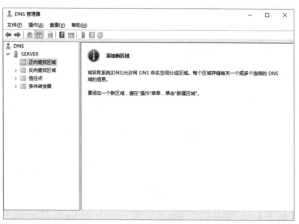

图 7-14　"DNS 管理器"窗口

在左侧的窗格中选中 SERVER 选项，再选择"操作"→"新建区域"命令，弹出"新建区域向导"对话框，如图 7-15 所示。

（2）单击"下一步"按钮，在"区域类型"对话框中选中"主要区域"单选按钮，如图 7-16 所示。

（3）单击"下一步"按钮，在"区域名称"对话框中输入新区域的域名，因为公司域名为 lnjd.com，所以输入 lnjd.com，如图 7-17 所示。注意只输入到二级域名，而不是将子域名和主机名称一起输入。

（4）单击"下一步"按钮，在"区域文件"对话框的"创建新文件，文件名为"文本框中自动显示为以域名为文件名的 DNS 文件，如图 7-18 所示。

该文件的默认文件名为 lnjd.com.dns，即在区域名后加上 .dns，该文件被保存在文件夹 \winnt\system32\dns 中。如果要使用区域内已有的区域文件，可先选中"使用此现存文件"单选按钮，然后将该现存的文件复制到 \winnt\system32\dns 文件夹中。

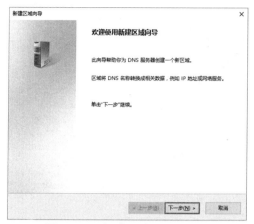

图 7-15　"新建区域向导"对话框

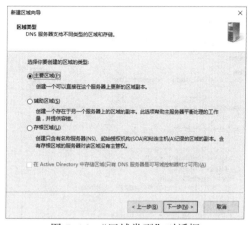

图 7-16　"区域类型"对话框

图 7-17　"区域名称"对话框

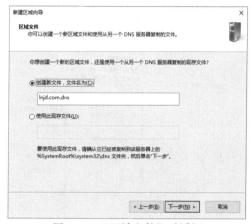

图 7-18　"区域文件"对话框

（5）单击"下一步"按钮，弹出"动态更新"对话框，如图 7-19 所示。选中"不允许动态更新"单选按钮，不接受资源记录的动态更新，以安全手动的方式更新 DNS 记录。

① 只允许安全的动态更新（适合 Active Directory 使用）。只有在安装了 Active Directory 集成的区域后才能使用该项。

② 允许非安全和安全动态更新。如果要使用任何客户端都可接受资源记录的动态更新，可选中该单选按钮，但由于可以接受来自非信任源的更新，所以使用此项可能会不安全。

③ 不允许动态更新。可使此区域不接受资源记录的动态更新，使用此项比较安全。

（6）单击"下一步"按钮，在完成设置的对话框中显示所设置的信息，如图 7-20 所示。

（7）单击"完成"按钮即建立了一个正向查找区域，如图 7-21 所示。

3．删除区域

右击想要删除的区域名称，并在弹出的快捷菜单中选择"删除"命令，单击"确定"按钮即可将该区域从 DNS 服务器中删除。

4．创建主机记录

将主机相关的数据新增到 DNS 服务器的区域后，DNS 客户端就可以通过该服务器的服务来查询 IP 地址。

（1）右击域名 lnjd.com，并在弹出的快捷菜单中选择"新建主机"命令。

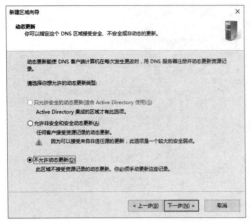

图 7-19 "动态更新"对话框

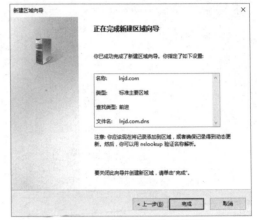

图 7-20 新建区域信息摘要

图 7-21 创建了正向查找区域

（2）弹出"新建主机"对话框，在"名称"文本框中输入新增主机记录的名称，公司要解析的 Web 服务器域名分别是 web1.lnjd.com、web2.lnjd.com，所以在"名称"文本框中分别输入 web1 和 web2，但不需要输入整个域名，如要新增 web1 名称，只要输入 web1 即可，而不是输入 web1.lnjd.com。在"IP 地址"文本框中输入想要新建名称的实际 IP 地址，域名 web1.lnjd.com 对应的 IP 地址是 192.168.1.4；web2.lnjd.com 对应的的 IP 地址是 192.168.1.5；DNS 服务器的域名是 server.lnjd.com，IP 地址是 192.168.1.2，如图 7-22～图 7-24 所示。如果 IP 地址与 DNS 服务器在同一个子网掩码中，并且有反向查找区域，则可选中"创建相关的指针（PTR）记录"复选框，这样会在反向查找区域自动添加一条查找记录，但在我们的任务中不自动创建相关的指针记录，所以取消选中该复选框。正确输入信息后，单击"添加主机"按钮，添加主机后的正向查找区域如图 7-25 所示。

5. 创建别名记录

如果想要让一台主机拥有多个主机名称，可以为该主机设置别名。在公司中，DNS 服务器主机同时也是 FTP 服务器和邮件服务器，DNS 服务器的域名是 server.lnjd.com，而作为 FTP 服务器时域名是 ftp.lnjd.com。我们使用 DNS 服务中的别名技术来实现。

图 7-22　设置 server 的 IP 地址

图 7-23　设置 web1 的 IP 地址

图 7-24　设置 web2 的 IP 地址

图 7-25　添加了主机记录

　　右击想要创建别名主机的 DNS 区域，即右击 lnjd.com，在弹出的快捷菜单中选择"新建别名"命令，弹出图 7-26 所示的"新建资源记录"对话框，在"别名"文本框中输入 ftp，单击"目标主机的完全合格的域名"文本框右侧的"浏览"按钮，找到域名 server.lnjd.com，单击"确定"按钮即可。

　　添加主机别名后的正向查找区域如图 7-27 所示。

6. 创建邮件交换器记录

　　邮件交换器（MX）资源记录为电子邮件服务专用，用于在使用邮件程序发送邮件时，根据收信人地址的后缀来定位邮件服务器，使服务器知道该邮件发往何处。也就是说，根据收信人邮件地址中的 DNS 域名，向 DNS 服务器查询邮件交换器资源记录，定位到要接收邮件的邮件服务器。例如，在邮件交换器资源记录中，邮件交换器记录所负责的域名为 lnjd.com，在向用户 user1

发送邮件时，发送到 user1 @ lnjd.com，系统将对该邮件地址中的域名 lnjd.com 进行 DNS 的 MX 记录解析；如果 MX 记录存在，系统就根据 MX 记录的优先级将邮件转发到与该 MX 相应的邮件服务器（lnjd.com）上。

图 7-26　"新建资源记录"对话框

图 7-27　添加了主机别名记录

在 DNS 窗口中右击已创建的主要区域（lnjd.com），并在弹出的快捷菜单中选择"新建邮件交换器"命令，弹出的对话框如图 7-28 所示。需要对以下几项进行设置：

（1）主机或子域。用来输入此邮件交换器（一般是指邮件服务器）记录的域名，也就是要发送邮件的域名，如 E-mail。但如果该域名与"父域"的名称相同，则可以不填。

（2）邮件服务器的完全限定的域名。此处需要设置负责域中邮件传送工作的邮件服务器的全称域名 FQDN（如 server. lnjd.com）。

（3）邮件服务器优先级。如果该区域内有多个邮件服务器，就可以输入一个值来确定其优先级，数值越低，优先级越高（0 最高），范围为 0~65 535。当一个区域中有多个邮件服务器时，其他邮件服务器向该区域的邮

图 7-28　"新建资源记录"对话框

件服务器发送邮件时，它会先选择优先级最高的邮件服务器。如果传送失败，则再选择优先级较低的邮件服务器。如果有两台以上的邮件服务器的优先级相同，系统会随机选择一台邮件服务器。

设置完成后单击"确定"按钮，一个新的邮件交换器记录添加成功，如图 7-29 所示。

步骤三：创建 DNS 辅助服务器

辅助区域从其主要区域利用区域转送的方式复制数据，然后将复制过来的所有主机的副本

数据保存在辅助区域内部。辅助区域文件是只读的。公司为了保证 DNS 服务安全，使用主机 192.168.1.253 作为 DNS 服务区服务器。

图 7-29　添加了邮件交换器记录

1．安装 DNS 服务器

安装方法与步骤一相同，这里不再赘述。

2．创建辅助服务器

（1）选择"开始"→"程序"→"管理工具"→DNS 命令，打开 DNS 服务器管理工具，在 DNS 控制台左侧的窗格中选择服务器，再选择"操作"→"新建区域"命令，弹出"新建区域向导"对话框，如图 7-30 所示。

（2）单击"下一步"按钮，在"区域类型"对话框中选中"辅助区域"单选按钮，如图 7-31 所示。

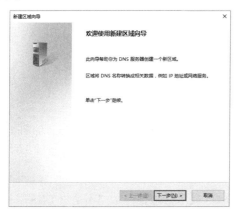
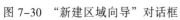

图 7-30　"新建区域向导"对话框　　　　图 7-31　"区域类型"对话框

（3）单击"下一步"按钮，弹出"区域名称"对话框，如图 7-32 所示。名称与主要区域的名称相同，输入 lnjd.com。

（4）单击"下一步"按钮，在弹出的"主 DNS 服务器"对话框中规划 DNS 数据来源的服务器 IP 地址，以便从该服务器复制数据，输入公司主 DNS 服务器 IP 地址 192.168.1.2，在此可以一次复制多个服务器的数据，如图 7-33 所示。

（5）单击"下一步"按钮，完成安装，如图 7-34 所示，显示已经设置的内容，如果有误，可通过单击"上一步"按钮重新进行设置。

图 7-32　"区域名称"对话框

图 7-33　"主 DNS 服务器"对话框

图 7-34　安装完成

（6）确认无误后，单击"完成"按钮，结束设置。添加了辅助区域后的 DNS 控制台如图 7-35 所示。

3.设置 DNS 辅助服务器开始工作

创建完 DNS 辅助服务器后单击区域，会弹出图 7-35 提示信息，提示"不是由 DNS 服务器加载的区域"，这是为什么呢？是因为现在 DNS 辅助服务器没有权限从主 DNS 服务器那里复制信息。

为了解决此问题，需要在主 DNS 服务器上进行如下操作：

（1）在主 DNS 服务器 server 上操作。打开 DNS 后，右击 lnjd.com，并在弹出的快捷菜单中选择"属性"命令，在弹出的对话框中选择"区域传送"选项卡，选中"允许区域传送"复选框，并选中"只允许到下列服务器"单选按钮，把 DNS 辅助服务器的 IP 地址 192.168.1.253 添加到列表中，如图 7-36 所示，单击"确定"按钮。

图 7-35　添加了辅助区域后的 DNS 控制台　　　　　图 7-36　DNS 设置

（2）在辅助服务器上操作。右击 lnjd.com，并在弹出的快捷菜单中选择"从主服务器复制"命令，设置完成后辅助服务器即可工作，从主服务器复制相同的资源记录。

步骤四：创建和管理 DNS 反向查找区域

在网络中，大部分 DNS 搜索都是正向搜索。但为了实现客户端对服务器的访问，人们不仅需要将一个域名解析成 IP 地址，还需要将 IP 地址解析成域名，这就需要使用反向查找功能。在 DNS 服务器中，通过主机名查询其 IP 地址的过程称为正向查询，通过 IP 地址查询其主机名的过程称为反向查询。

1．反向查找区域

DNS 提供了反向查找功能，可以让 DNS 客户端通过 IP 地址查找其主机名称，例如 DNS 客户端可以查找拥有某个 IP 地址的主机名称。反向区域并不是必需的，也可在需要时创建。例如，若在 IIS 网站利用主机名称来限制联机的客户端，则 IIS 需要利用反向查找来检查客户端的主机名称。

当利用反向查找将 IP 地址解析成主机名时，反向区域的前半部分是其网络 ID（Network ID）的反向书写，而后半部分必须是 in-addr.arpa。in-addr.arpa 是 DNS 标准中为反向查找定义的特殊域，并保留在 Internet DNS 名称空间中，以便提供切实可靠的方式执行反向查询。反向查找采取问答形式进行，就好像向 DNS 服务器询问"能告诉我使用某个 IP 地址的计算机的 DNS 名称吗？"

由于是建立在 DNS 中，所以 in-addr.arpa 域树要求定义其他资源记录（RR）类型，如指针（PTR）RR。这种 RR 用于在反向查找区域中创建映射，它一般对应于其正向查找区域中某一主机的 DNS 计算机名主机（A）命名的 RR。

2．创建反向查找区域

建立反向查找区域后，可以让 DNS 客户端使用 IP 地址来查询主机名称。Windows Server 2016 中的 DNS 分布式数据库是以名称为索引，而不是以 IP 地址为索引。

（1）建立反向查找区域与建立正向查找区域类似。右击"反向查找区域"选项，并在弹出的快捷菜单中选择"新建区域"命令，弹出"新建区域向导"对话框。

（2）单击"下一步"按钮，选中"主要区域"单选按钮，如图 7-37 所示。

（3）单击"下一步"按钮，选择为 IPv4 地址或者 IPv6 地址创建反向查找区域，如图 7-38 所示，选中"IPv4 反向查找区域"单选按钮。

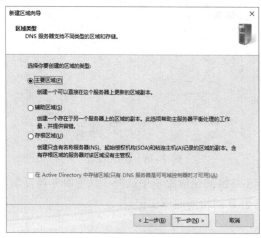

图 7-37　"区域类型"对话框

图 7-38　"反向查找区域名称"　对话框 1

（4）单击"下一步"按钮，弹出图 7-39 所示的对话框。在"网络 ID"文本框中以 DNS 服务器所使用的 IP 地址前三码的相反顺序来设置反向查找区域。如果 DNS 服务器使用的 IP 地址是 192.168.1.2，即取用前三码 192.168.1，在"网络 ID"文本框中输入该数值，系统会在"反向查找区域名称"文本框中，自动设置好 1.168.192.in- addr.arpa 的名称。单击"下一步"按钮，打开"区域文件"窗口，如图 7-40 所示。

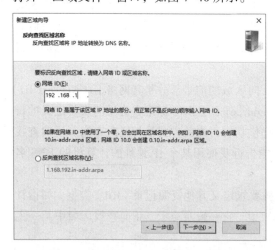

图 7-39　"反向查找区域名称"　对话框 2

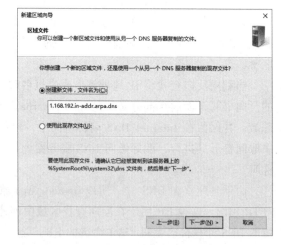

图 7-40　　"区域文件"对话框

（5）单击"下一步"按钮，显示新建区域的摘要信息，如图 7-41 所示，如果没有问题，单击"完成"按钮，完成后的 DNS 控制台如图 7-42 所示。

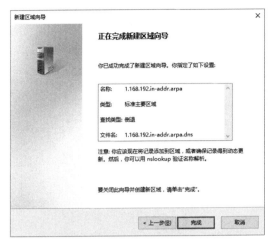

图 7-41　新建区域摘要信息

图 7-42　完成反向查找区域的创建

3．创建指针

在反向查找区域内也需要建立数据以提供反向查询，有两种方式建立指针。

（1）在建立正向的主机数据时，选中"创建相关的指针（PTR）记录"复选框。

（2）右击"反向查找区域"中想要新增指针的区域，并在弹出的快捷菜单中选择"新增指针"命令，弹出图 7-43 所示的对话框，其中"主机名"是完整的域名，创建 3 个指针记录，名称分别是 server.lnjd.com、web1.lnjd.com、web2.lnjd.com，分别如图 7-43 ~ 图 7-45 所示。添加指针后的反向查找区域如图 7-46 所示。

图 7-43　"新建资源记录"对话框

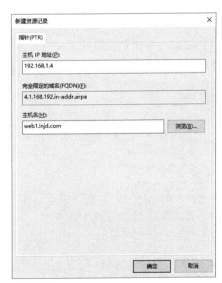

图 7-44　创建指针记录 web1

图 7-45　创建指针记录 web2

图 7-46　添加了指针记录

步骤五：DNS 服务器的维护

1. 设置 DNS 服务器的动态更新

在 Windows Server 2016 中可以利用动态更新的方式，当 DHCP 主机的 IP 地址发生变化时，会在 DNS 服务器中自动更新，这就减轻了管理员的负荷。具体设置如下：

（1）首先对 DHCP 服务器的属性进行设置。右击 DHCP 管理控制台的作用域，并在弹出的快捷菜单中选择"属性"命令，在弹出的对话框中选择 DNS 选项卡，如图 7-47 所示，设置相应选项即可。默认情况下，始终会对新安装且运行 Windows Server 2016 的 DHCP 服务器以及它们创建的任何新作用域执行更新操作。

（2）在 DNS 控制台中展开正向查找区域，选择区域后选择"操作"→"属性"命令，再在弹出的对话框中选择"常规"选项卡，如图 7-48 所示，在"动态更新"下拉列表中选择"是"选项，单击"确定"按钮。

图 7-47　DNS 选项卡

图 7-48　"常规"选项卡

（3）展开反向查找区域，选择"反向区域"选项，再选择"操作"→"属性"命令，在弹出的对话框的"常规"选项卡中选择"动态更新"下拉列表中的"是"选项,单击"确定"按钮。在客户信息改变时,它在 DNS 服务器中的信息也会自动更新。

2. 设置启动授权 SOA

SOA(Start of Authority)是用来识别域名中由哪一个命名服务器负责信息授权在区域数据库文件中,第一条记录必须是 SOA 的设置数据。SOA 的设置数据影响名称服务器的数据保留与更新策略。选择图 7-48 中的"起始授权机构(SOA)"选项卡,如图 7-49 所示。各项说明如下:

图 7-49　"起始授权机构(SOA)"选项卡

(1)序列号:当执行区域传输时,首先检查序列号,只有当主服务器的序列号比辅助服务器的序列号大时(表示辅助服务器中的数据已过时),复制操作才会执行。

(2)刷新间隔:设置辅助服务器隔多长时间需要检查其数据,执行区域传输。

(3)重试间隔:当在刷新间隔到期时辅助服务器无法与主服务器通信,需等多久再重试。

(4)过期时间:如果辅助服务器一直无法与主服务器建立通信,在此时间间隔后辅助服务器不再执行查询服务,因为其包含的数据可能是错误的。

(5)最小(默认)TTL:服务器查询到的数据在缓存中的保存时间。

3. 设置根域服务器

当 DNS 服务器要向外界的 DNS 服务器查询所需的数据时,在没有指定转发器的情况下,它先向位于根域的服务器进行查询。DNS 服务器通过缓存文件来获取根域的服务器。缓存文件在安装 DNS 服务器时就已经存放在\winnt\system32\dns 文件夹中,其文件名为 cache.dns。cache.dns 是一个文本文件,可以用文本编辑器进行编辑。

图 7-50　"根提示"选项卡

如果一个局域网没有接入 Internet,内部的 DNS 服务器就不需要向外界查询主机的数据,这时需要修改局域网根域的 DNS 服务器的数据,将其改为局域网内部最上层的 DNS 服务器的数据。如果在根域内新建或删除 DNS 服务器,缓存文件的数据就需要进行修改。修改时建议不要直接用编辑器进行修改,而是采用如下方法进行:

(1)选择"服务器管理器"窗口中的"工具"→DNS 命令,弹出 DNS 窗口。

(2)在 DNS 窗口的根目录中选取 DNS 服务器名,右击,并在弹出的快捷菜单中选择"属性"命令,然后在弹出的对话框中选择"根提示"选项卡,如图 7-50 所示。

在该对话框的列表框中列出了根域中已有的 DNS 服务器及其 IP 地址,用户可以单击"添加"按钮添加新的 DNS

服务器，如添加一台名称是 server1，IP 地址是 192.168.1.2 的服务器，如图 7-51 所示。

（3）单击"确定"按钮完成设置。

4．设置名称服务器

系统中除了在"起始授权机构（SOA）"属性中的主要服务器外，还可以添加其他名称服务器。右击 lnjd.com 选项，并在弹出的快捷菜单中选择"属性"命令，再在弹出的对话框中选择"名称服务器"选项卡，如图 7-52 所示。

图 7-51　添加新的 DNS 服务器

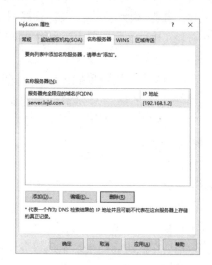

图 7-52　"名称服务器"选项卡

如果新增加服务器，则单击"添加"按钮，按照提示即可完成。

步骤六：设置 DNS 转发器

局域网中的 DNS 服务器只能解析在本地域中添加的主机，而无法解析那些未知的域名。因此，若要实现对 Internet 中所有域名的解析，就必须将本地无法解析的域名转发给其他域名服务器（被转发的域名服务器通常应当是 ISP 的域名服务器）。

1．DNS 转发器简介

一般情况下，当 DNS 服务器收到 DNS 客户端的查询请求后，它将在所管辖区域的数据库中寻找是否有该客户端的数据。如果没有（即在 DNS 服务器所管辖的区域数据库中并没有该 DNS 客户端所查询的主机名），那么该 DNS 服务器需要转向其他 DNS 服务器进行查询。

在实际应用中，以上这种现象经常发生。例如，当网络中的某台主机要与位于本网络外的主机通信时，就需要向外界的 DNS 服务器进行查询，并由其提供相应的数据。为安全起见，用户一般不希望内部所有的 DNS 服务器都直接与外界的 DNS 服务器建立联系，而是只让一台 DNS 服务器与外界建立直接联系，其他 DNS 服务器则通过这一台 DNS 服务器来与外界进行间接联系。这台直接与外界建立联系的 DNS 服务器称为转发器。

有了转发器后，当 DNS 客户端提出查询请求时，DNS 服务器将通过转发器从外界 DNS 服务器获得数据，并将其提供给 DNS 客户端。如果转发器无法查询到所需的数据，DNS 服务器一般会提供两种处理方式：

（1）DNS 服务器直接向外界的 DNS 服务器进行查询。

（2）DNS 服务器不再向外界的 DNS 服务器进行查询，而是告诉 DNS 客户端找不到所需的数据。

如果是后一种方式，那么该 DNS 服务器将完全依赖于转发器，这样的 DNS 服务器称为从属服务器（Slave Server）。

2．设置 DNS 转发器

当 DNS 服务器无法提供客户机需要查询的数据时，可以通过一台有转发器功能的 DNS 服务器转发此查询到其他 DNS 服务器进行递归查询，但是必须将本服务器设置成可以使用该转发器。通常在用户需要通过慢速连接访问远端 DNS 服务器时需要使用转发器：

（1）打开 DNS 控制台，在左侧的目录树中右击 DNS 服务器名称，并在弹出的快捷菜单中选择"属性"命令，弹出的对话框如图 7-53 所示。

（2）选择"转发器"选项卡，在此可添加或修改转发器的 IP 地址，如图 7-54 所示。

图 7-53　服务器属性对话框

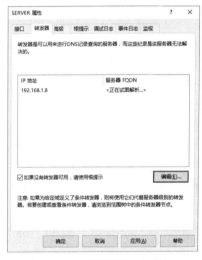

图 7-54　"转发器"选项卡

（3）单击"确定"按钮，保存对 DNS 转发器的设置。

步骤七：客户机的 DNS 设置

成功安装 DNS 服务器后，就可以在 DNS 客户机上启用 DNS 服务。可以使用 ping 命令进行验证，也可以使用 nslookup 命令进行验证，首先必须设置首选 DNS 服务器的 IP 地址为 192.168.1.2，即本公司的 DNS 服务器地址。

如果客户端为 Windows 8 操作系统，打开"控制面板"→"网络和 Internet"→"网络和共享中心"→"更改适配器设置"→"以太网"的属性对话框，选取"Internet 协议版本 4（TCP / IPv4）"选项，单击"属性"按钮，弹出图 7-55 所示的对话框，将"首选 DNS 服务器"的 IP 地址设为 192.168.1.2。

图 7-55　配置客户机的 DNS 服务器

　　如果需要进一步设置客户机的 DNS 属性，则单击"高级"按钮，在弹出的对话框中选择 DNS 选项卡，如果选择"附加主要的和连接特定的 DNS 后缀"选项，则表示在搜索一个不标准的域名时只能在父域中搜索，如果父域中搜索不到该域名，则将此结果返回；如果选择"附加这些 DNS 后缀"选项，则在搜索域名时首先在列表中的服务器上搜索，如果搜索不到结果，再在其他域中进行搜索。

　　"在 DNS 注册此连接的地址"和"在 DNS 中注册使用此连接的后缀"这两个选项用于在其他环境中登录时，将客户机的 IP 地址及域名注册到 DNS 服务器中。

步骤八：测试 DNS 服务器运行

　　DNS 服务器配置完成后，用户可以使用 ping 和 nslookup 两个命令测试 DNS 服务器能否完成域名和 IP 地址之间的解析。

1. 使用 ping 命令

　　用户可以使用 ping 命令测试 DNS 服务器能否正常运行。

　　如果网络已经正确配置了 IP 地址和有关内容，使用 ipconfig 命令会看到图 7-56 所示的信息。

　　这说明网卡与 IP 协议均已正常工作。

　　再使用 ping 命令"ping 主机名+区域名"，如果 ping server.lnjd.com 和 ping web1.lnjd.com 分别出现图 7-57 所示的信息，则说明 DNS 服务器已经正常工作。从图 7-57 可以看出，DNS 服务器已经正确地把域名 server.lnjd.com 解析为 IP 地址 192.168.1.2，把域名 web1.lnjd.com 解析为 IP 地址 192.168.1.4。

图 7-56　查看网卡有关信息

图 7-57　使用 ping 命令检测 DNS 服务

2. 使用 nslookup 命令

　　系统提供了 nslookup 命令，在命令提示符中输入 nslookup 并按【Enter】键，即可进入交换式 nslookup 环境，如果 DNS 配置正确，则显示当前 DNS 服务器的地址和域名，否则表示 DNS 服务器未能正常启动。下面简单介绍一些基本的 DNS 诊断：

　　（1）检查正向 DNS 解析：在 nslookup 提示符下输入带域名的主机名 server.lnjd.com，nslookup 回答出该主机名对应的 IP 地址为 192.168.1.2；输入 web1.lnjd.com，nslookup 回答出该主机名对应的 IP 地址为 192.168.1.4；输入 web2.lnjd.com，nslookup 回答出该主机名对应的 IP 地址为 192.168.1.5；

输入 ftp.lnjd.com，nslookup 回答出该主机名是一个别名，实际的主机名称是 server.lnjd. com，对应的 IP 地址为 192.168.1.5，如图 7-58 所示。

（2）检查反向 DNS 解析：在 nslookup 提示符下输入 IP 地址 192.168.1.2，nslookup 回答出该 IP 地址所对应的主机名为 server.lnjd.com；输入 IP 地址 192.168.1.4，nslookup 回答出该 IP 地址所对应的主机名为 web1.lnjd.com；输入 IP 地址 192.168.1.5，nslookup 回答出该 IP 地址所对应的主机名为 web2.lnjd.com，如图 7-59 所示。

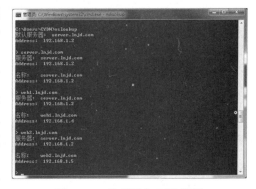

图 7-58　检查正向 DNS 解析

（3）检查别名解析：在 nslookup 提示符下输入别名 ftp.lnjd.dns，nslookup 回答出该别名所对应的主机名为 server.lnjd.com，IP 地址为 192.168.1.2，如图 7-60 所示。

图 7-59　检查反向 DNS 解析

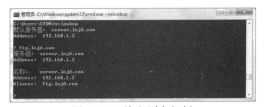

图 7-60　检查别名解析

技 能 训 练

1．训练目的
（1）掌握 DNS 服务器的基本知识。

（2）能够配置 DNS 服务器。

（3）能够在客户端进行使用。

2．训练环境
（1）Windows Server 2016 系统的计算机。

（2）Windows 系统的客户机。

3．训练内容
（1）规划 DNS 服务器的共享资源，分配资源使用者的权限，并画出网络拓扑图。

（2）配置 DNS 服务器。

（3）使用客户端进行验证。

4．训练要求
实训分组进行，可以 2 人一组，小组讨论，确定方案后进行讲解，教师给予指导，全体学生参与评价，方案实施过程中，一个计算机作为 DNS 服务器，另一个计算机作为客户机，要轮流进行角色转换。

5.　实训总结

完成实训报告，总结项目实施中出现的问题。

本单元设置 3 个任务，任务 16 介绍了安装 IIS 服务器、使用 IP 地址架设网站、使用域名架设网站和创建虚拟目录；任务 17 介绍了使用不同的端口架设两个 Web 站点、使用不同的 IP 地址架设两个 Web 站点和使用不同的主机标题名称架设两个 Web 站点；任务 18 介绍了管理 Web 服务器、实现 Web 网站安全和备份与还原站点配置。

任务 16　配置 Windows Server 2016 Web 站点

学习目标

- 掌握 Web 的基本知识。
- 能够安装 Web 服务器。
- 能够配置 Web 服务器。
- 能够访问 Web 服务器。

任务引入

某公司网络管理员要以 Windows Server 2016 网络操作系统为平台，建设公司的网站，公司的域名为 lnjd.com，公司的网络拓扑图如图 8-1 所示。

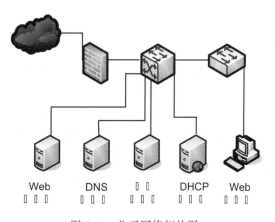

图 8-1　公司网络拓扑图

任务要求

（1）要求公司域名为 lnjd.com。

（2）要求公司员工使用 IP 地址 192.168.1.4 访问公司网站。

（3）要求公司员工使用域名 web1.lnjd.com 访问公司网站。

任务分析

作为公司的网络管理员，为了完成该任务，进行网络规划，Web 服务器的 IP 地址设置为 192.168.1.4，首先利用 Internet 信息服务管理器（IIS），使用 IP 地址 192.168.1.4 架设 Web 服务器，实现客户机访问公司网站；再在 DNS 服务器中添加主机记录 web1.lnjd.com，实现使用域名 web1.lnjd.com 访问公司网站；最后使用 IIS 的虚拟目录功能，使用虚拟目录 news 访问公司的新闻网页。

相关知识

WWW（World Wide Web）即万维网，又称 Web 服务，是因特网上最受欢迎的服务之一。万维网是因特网上一个完全分布的信息系统，它能以超链接的方式方便地访问连接在因特网上位于全世界范围的信息。

1. 概述

WWW 服务采用客户机/服务器模式工作，使用超文本传输协议（HyperText Transfer Protocol，HTTP）和超文本置标语言（HyperText Markup Language，HTML），利用资源定位器 URL 完成一个页面到另一个页面的链接，为用户提供界面一致的信息浏览系统。

在万维网中，信息资源以页面的形式存储在服务器中，这些页面采用超文本方式对信息进行组织，通过统一资源定位符（URL）将位于不同地区、不同服务器上的页面链接在一起。用户通过浏览器向 WWW 服务器发出请求，服务器端根据客户端的请求内容将保存在服务器中的某个页面返回给客户端，浏览器接收到页面后进行解释，最终将图、文、声并茂的画面呈现给用户。

2. 统一资源定位地址

互联网中有无数的 WWW 服务器，每个服务器上又存放着无数的页面，用户如何能够方便地获取所需要的页面呢？这就是统一资源定位符的作用。

统一资源定位符（Uniform Resource Locator，URL）是对可以从因特网上得到的资源的位置和访问方法的一种简洁的表示。URL 给资源的位置提供一种抽象的识别方法，并用这种方法给资源定位。只要能够对资源定位，系统就可以对资源进行各种操作，如存取、更新、替换和查找等。具体地说，就是用户可以利用 URL 指明使用什么协议访问哪台服务器上的什么文件。

URL 的格式如下：

<URL 的访问方式>://<主机>:<端口>/<路径>

URL 的访问方式即协议类型，常用的协议类型有超文本传输协议（HTTP）、文件传输协议（FTP）和新闻（NEWS）。

主机项是必需的，端口和路径有时可以省略。

例如一个网页的 URL 为 http://www.fudan.edu.cn/student/index.html。

其中，http 为协议类型，www.fudan.edu.cn 是服务器即主机名，student/index.html 是路径即文件名。HTTP 的端口是 80,通常可以省略。如果使用非 80 端口,则需要指明端口号,如 http://www. fudan.edu.cn:8080/student/index.html。

3．超文本传输协议

HTTP 是面向对象的应用层协议，它是建立在 TCP 基础之上的。每个万维网网点都有一个服务器进程，它不断地监听 TCP 的端口 80，以便发现是否有客户进程向它发出连接请求。一旦监听到连接建立请求并建立了 TCP 连接以后，浏览器就向服务器发出浏览某个页面的请求，服务器就把返回所请求的页面作为响应，最后 TCP 连接就被释放了。在浏览器与服务器进行交互的过程中，必须遵守一定的规则，这个规则就是 HTTP 协议。

服务器和浏览器利用 HTTP 协议进行交互的过程如下：

（1）浏览器确定 Web 页面的 URL。

（2）浏览器请求域名服务器解析的 IP 地址。

（3）浏览器向主机的 80 端口请求一个 TCP 连接。

（4）服务器对连接请求进行确认，建立连接的过程完成。

（5）浏览器发出请求页面报文。

（6）服务器以 index.html 页面的具体内容响应浏览器。

（7）WWW 服务器关闭 TCP 连接。

（8）浏览器将页面 index.html 的文本信息显示在屏幕上。

（9）如果 index.html 页面包含图像等非文本信息，则浏览器需要为每个图像建立一个新的 TCP 连接，从服务器获得图像并显示。

4．超文本置标语言

超文本置标语言（HTML）是制作万维网页面的标准语言，计算机的页面制作都采用标准 HTML 语言格式，这样在通信的过程中就不会有障碍。

HTML 语言的语法与格式很简单，可以使用任何文本编辑器进行编写。下面以一个例子给出几种常用的格式与标签。打开记事本，输入如下内容：

```
<html>
<head>
<title> homepage</title>
</head>
<body>
<h2>这是公司网站的主页</h2>
<img src=image.jpg>
</body>
</html>
```

其中，"<"表示一个标签的开始；

">"表示一个标签的结束；

<html>...</html>声明这是用 HTML 写成的文档；

<head>...</head>定义页面的首部；

<title>...</title>定义页面的标题；

<body>...</body>定义页面的主体；

<img src=" ">插入一张图像，图像的位置必须是相对路径；

<p>定义一个段落开始，与上一个段落空一行或缩进几个字符；

<a href=" " > </a>定义一个链接。

该文件的保存名称为 index.html，保存位置为 C:\homepage，打开页面后如图 8-2 所示。

图 8-2　编写主页文件

任务实施

步骤一：安装与测试 IIS

IIS（Internet Information Services）是 Windows Server 2016 的 Web 服务器，使用 IIS 可以方便地建立站点、发布网页等。

（1）选择"服务器管理器"命令，弹出"服务器管理器"窗口，如图 8-3 所示。

· 扫一扫

任务16
架设 Windows
Server 2016
Web 服务器

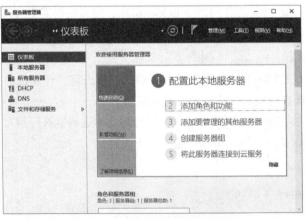

图 8-3　"服务器管理器"窗口

（2）单击"添加角色和功能"超链接，弹出"添加角色和功能向导"窗口，如图 8-4 所示，提示安装之前，确定管理员账号已经设置强密码、已经为服务器设置了 IP 地址等，单击"下一步"按钮执行后续操作。

（3）选择"安装类型"，可以选择在实际的物理计算机、虚拟机或者脱机虚拟硬盘上安装角色和功能，如图 8-5 所示，管理员选中"基于角色或基于功能的安装"单选按钮，即在本机上安装。

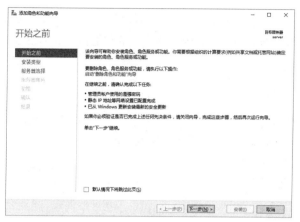

图 8-4 安装前准备工作

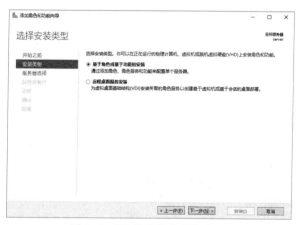

图 8-5 "选择安装类型"窗口

（4）单击"下一步"按钮，弹出"选择目标服务器"窗口，如图 8-6 所示，选中"从服务器池中选择服务器"单选按钮，服务器的名称是 server，IP 地址是 192.168.1.4。

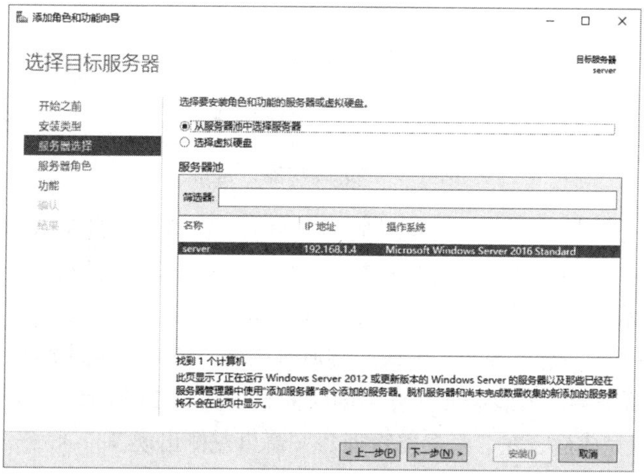

图 8-6 "选择目标服务器"窗口

（5）单击"下一步"按钮，弹出"选择服务器角色"窗口，如图 8-7 所示，当选择"Web
服务器（IIS）"时，弹出确认添加 Web 服务器所需的功能窗口，如图 8-8 所示，单击"添加功
能"按钮。

图 8-7　"选择服务器角色"窗口　　　　　　　　图 8-8　确认添加功能

（6）单击"下一步"按钮，弹出"选择功能"窗口，如图 8-9 所示，选择默认选项即可。

图 8-9　"选择功能"窗口

（7）单击"下一步"按钮，弹出"Web 服务器角色"窗口，如图 8-10 所示，该窗口对 Web
服务进行简单介绍，并提示安装 Web 注意事项，单击"下一步"按钮，弹出"选择角色服务"
窗口，如图 8-11 所示，选择要为 Web 服务器安装的角色服务。

（8）单击"下一步"按钮，弹出"确认安装所选内容"窗口，如图 8-12 所示，单击"安装"
按钮开始安装 Web 服务器。安装需要几分钟的时间，如图 8-13 所示。

（9）安装和配置完成后，在"服务器管理器"窗口左侧出现 Web 服务器，如图 8-14 所示。

图 8-10　"Web 服务器角色"窗口

图 8-11　"选择角色服务"对话框

图 8-12　"确认安装所选内容"窗口

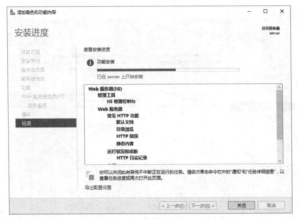

图 8-13　"安装进度"窗口

图 8-14　Web 服务器安装完成

安装完 IIS 以后，就要测试是否能够正常工作。打开 IE 浏览器，在地址栏中输入本地 IP 地址，例如 192.168.1.4，将用户名和密码输入以后，单击"确定"按钮，弹出图 8-15 所示的网页，这是系统已经架设好的网站，存放的位置是 C:\inetpub\wwwroot 文件夹。

图 8-15　IIS 安装成功

如果要发布个人主页，无须特意选择定制安装，只须将想要发布的 Web 文件复制至 C:\inetpub\wwwroot 文件夹中，并将主页的文件名设置为 Default.htm 或 Default.asp，即可通过 Web 浏览器访问该 Web 服务器。

步骤二：使用 IP 地址架设网站

通过将想要发布的 Web 文件复制至 C:\Inetpub\wwwroot 文件夹中，并将主页的文件名设置为 Default.htm 或 Default.asp 的方式架设网站的安全性较低，可以使用 IIS 架设自己的网站。架设的方法如下：

（1）选择"服务器管理器"窗口中的"工具"→"Internet Information Services（IIS）管理器"命令，弹出图 8-16 所示的窗口。

（2）在左侧的管理控制树中右击默认网站 Default Web Site，选择"管理网站"中的"停止"选项，将默认网站停止。

（3）右击"网站"结点，在弹出的快捷菜单中选择"添加网站"命令，弹出"添加网站"对话框，如图 8-17 所示。

图 8-16　"Internet Information Services（IIS）管理器"窗口

图 8-17　"添加网站"对话框

在"网站名称"文本框中输入用于在 IIS 内部识别站点的说明，该名称并非真正的 Web 站点域名，输入 my web。

在"物理路径"文本框中输入网站主目录，主目录是用于存储网站网页文件的主要位置。虚拟目录以在主目录中映射文件夹的形式存储数据。该目录位置可以自行规定，一般指向建立的 Web 站点主目录 C:\homepage。

在"类型"文本框中选择默认 http 协议，在"IP 地址"中指定该站点使用的 IP 地址 192.168.1.4，即把本机设置为 Web 服务器。默认的端口号为 80。

（4）单击"确定"按钮，完成网站创建，如图 8-18 所示。

（5）在客户端浏览器的地址栏中输入服务器的 IP 地址，即 http://192.168.1.4，可以看到主页内容，如图 8-19 所示。

图 8-18　创建的 my web 网站

图 8-19　使用 IP 地址访问主页

步骤三：使用域名架设网站

在访问互联网时，使用的是用户方便记忆的域名，而不是 IP 地址，例如访问搜狐网站，在 IE 地址栏中输入的是 www.sohu.com，而不是实际的 IP 地址 61.135.133.104。该域名要在因特网上使用，必须先向 DNS 管理机构申请注册才有效。

下面建立一个内部使用的域名，名称为 lnjd.com，主机的名称为 web1，使客户端能够使用域名 web1.lnjd.com 访问该网站。

（1）打开 DNS 控制台，新建一个区域，名称为 lnjd.com，如图 8-20 所示。

（2）按照前面学习的知识，依次完成设置，在区域 lnjd.com 中添加主机 web1，如图 8-21 所示。

图 8-20　在 DNS 中创建新区域

图 8-21　在区域中创建主机

（3）在客户端的 IE 地址栏中输入 http://web1.lnjd.com 并按【Enter】键，如果弹出了相同的主页内容，说明 DNS 中的配置已经生效，如图 8-22 所示。

步骤四：创建虚拟目录

创建 Web 虚拟目录的工作也是在 IIS 管理工具中完成的，具体步骤如下：

（1）在 IIS 管理控制树中右击需要创建虚拟目录的 Web 站点，这里右击 my web 站点并在弹出的快捷菜单中选择"添加虚拟目录"命令，弹出图 8-23 所示的对话框。

图 8-22　使用域名访问主页

图 8-23　"添加虚拟目录"对话框

在"别名"文本框中指定虚拟目录别名，管理员输入 news。这里所谓的别名，是指虚拟目录在 IIS 管理器中的有效名称，即虚拟目录在站点主目录下映射的名称。用户在浏览网页时指定的 URL 路径中包含的目录名称就是虚拟目录别名（对于非虚拟目录，指定其实际名称即可）。别名与目录的真实名称没有联系，但也可以相同。

在"物理路径"文本框中单击"浏览"按钮，或在"路径"文本框中直接指定虚拟目录所对应的实际路径。编写一个网页，名称为 index.html，存放的位置是 C:\news，网页输出的内容是"公司新闻"。对于远程虚拟目录来说，其实际路径是以 UNC 路径的形式指定的，如需要以 Server 服务器上的 Share 共享文件夹作为虚拟目录的实际路径，则应在"路径"文本框中指定 UNC 名为\\Server\Share。

（2）单击"确定"按钮后，即在 my web 网站下增加了虚拟目录 news，如图 8-24 所示。

图 8-24　创建了虚拟目录

（3）在客户端输入网址 http://web1.lnjd.com/news 并按【Enter】键，出现图 8-25 所示页面，说明虚拟目录已经建立成功。

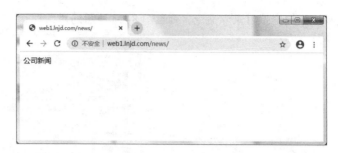

图 8-25　访问虚拟目录

任务 17　架设多个 Web 站点

学习目标

- 理解端口的作用。
- 能够使用不同端口架设多个 Web 站点。
- 能够使用不同 IP 地址架设多个 Web 站点。
- 能够使用不同主机头架设多个 Web 站点。

任务引入

某公司网络管理员要以 Windows Server 2016 网络操作系统为平台建设公司的网站，公司的域名为 lnjd.com，公司的网络拓扑图如图 8-1 所示。

任务要求

（1）要求公司网站的两个域名分别是 web1.lnjd.com 和 web2.lnjd.com。

（2）要求使用不同端口架设多个站点。

（3）要求使用不同 IP 地址架设多个站点。

（4）要求使用不同的主机标题名称架设多个站点。

任务分析

作为公司的网络管理员，为了完成该任务，可以使用不同的技术实现多个站点的架设，第一种方法是使用不同的端口实现，两个站点使用同一个 IP 地址 192.168.1.4，第一个站点使用默认的端口 8000，第二个站点使用端口 8080，客户端连上站点时，必须在静态 IP 地址后面加上端口编号（使用 80 端口的默认 Web 站点除外），例如：

```
http://192.168.1.4:80
http://192.168.1.4:380
http://192.168.1.4:8080
```

虽然各 Web 网站采用同一 IP 地址，但由于使用的端口号不同，因而各自独立，互不干扰。

第二种方法是使用多个 IP 地址实现，两个站点的 IP 地址分别是 192.168.1.4 和 192.168.1.5。在使用多个 IP 地址时，必须将主机名称与对应的 IP 地址全部登记在 DNS 中，以后客户端只要在浏览器中输入名称，就可以连上 Web 站点。

第三种方法是使用主机标题名称，在一个 IP 地址中可以架设多个站点（必须将主机名称加入到 DNS 中）。当计算机接收到客户端的连接请求时，IIS 会根据 HTTP 标题中载明的主机名称决定客户端到底要与哪一个站点连接。

相关知识

1. 架设多个 Web 站点的必要性

有时需要在一台 IIS 服务器上建立多个 Web 站点，这样可以降低硬件成本，管理起来比较方便。每个站点都需要使用 IP 地址和端口，而每个地址的同一个端口只能分配给一个网站使用。

2. 使用不同端口架设多个站点

在浏览万维网时，有时会遇到通过在浏览器地址栏中输入格式为"http:IP 地址:端口号"的方式来访问网站的情况。IIS 的管理网站 Administrator 就是通过端口号来访问的。这实际是利用 TCP 端口号在同一服务器上创建不同的网站，网站服务器默认的 TCP 端口号是 80。

通过使用附加端口号，服务器只需要一个静态的 IP 地址就可以建立多个网站。客户要访问网站时，需要在静态 IP 地址后附加端口号，如 http://192.168.1.1:80 和 http://192.168.1.1:380 表示不同的网站。

3. 使用不同 IP 地址架设多个站点

比较正规的虚拟主机一般都使用多个 IP 地址来实现，每个域名对应于独立的 IP 地址，这种方案称为 IP 虚拟主机技术，一般为一块网卡分配多个 IP 地址。

4. 使用不同的主机标题名称架设多个站点

为了节约 IP 地址资源，有时需要利用同一 IP 地址创建多个具有不同域名的站点。与利用不同 IP 地址创建虚拟主机相比，这种方法更为经济实用，可以充分利用有限的 IP 地址资源为更多的客户提供虚拟主机服务。

从客户的角度看，客户只有自己的独立域名，而没有独立的 IP 地址，需要与其他人共用一个 IP 地址，但不能直接通过 IP 地址访问网络。

任务实施

步骤一：使用不同的端口架设两个 Web 站点

（1）编写两个网页，如图 8-26 和图 8-27 所示，分别作为公司的主页，名称是 index.html，分别存放在目录 C:\web1 和 C:\web2 中。

扫一扫

任务17
架设多个 Web
站点

图 8-26　第一个站点主页　　　　　图 8-27　第二个站点主页

（2）在 IIS 控制台左侧右击"网站"，在弹出的快捷菜单中选择"添加网站"命令，弹出

"添加网站"对话框，如图 8-28 所示。

在"网站名称"文本框中输入 web1，物理路径是 C:\web1，IP 地址是 192.168.1.4，端口是 8000。

（3）使用同样的方法建立 web2，如图 8-29 所示，在"网站名称"文本框中输入 web2，物理路径是 C:\web2，IP 地址是 192.168.1.4，端口是 8080。

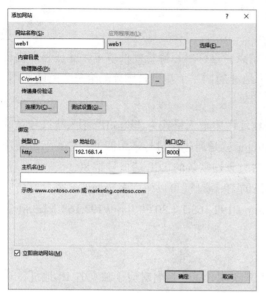 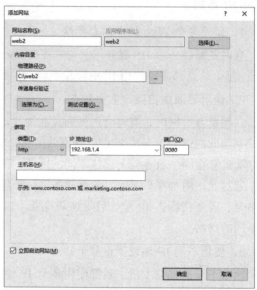

图 8-28　使用端口 8000 建立第一个站点　　　　图 8-29　使用端口 8080 建立第二个站点

（4）两个站点创建完成后如图 8-30 所示。

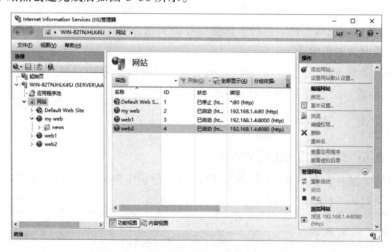

图 8-30　使用不同端口创建两个网站

（5）在客户端分别使用 http://192.168.1.4:8000 和 http://192.168.1.4:8080 访问这两个站点，如图 8-31 和图 8-32 所示。

图 8-31　使用 IP 地址访问第一个站点

图 8-32　使用 IP 地址访问第二个站点

（6）在 DNS 中加入新站点名称与固定 IP 地址之间的对应关系。建立一个主机，名称为 web1，IP 地址为 192.168.1.4；再建立一个主机，名称为 web2，IP 地址为 192.168.1.4，建立成功后如图 8-33 所示。

图 8-33　在 DNS 中建立主机记录

（7）使用域名访问两个站点，分别如图 8-34 和图 8-35 所示。

图 8-34　使用域名访问第一个站点

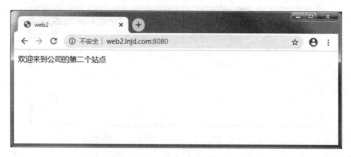

图 8-35　使用域名访问第二个站点

步骤二：使用不同的 IP 地址架设两个 Web 站点

（1）选择"网络"→"属性"→"更改适配器设置"→"Ethernet0"→"属性"命令，在弹出的对话框中选择"Internet 协议版本 4（TCP/IPv4）"，单击"确定"按钮，弹出图 8-36 所示的对话框，可以配置 IPv4、IPv6 等协议。

（2）单击"高级"按钮，弹出图 8-37 所示的对话框。

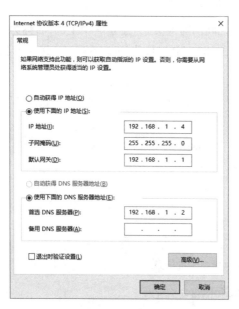

图 8-36　"Internet 协议版本 4（TCP/IP）属性"对话框

图 8-37　"高级 TCP/IP 设置"对话框

单击"添加"按钮，弹出图 8-38 所示的"TCP/IP 地址"对话框，输入 IP 地址 192.168.1.5 和子网掩码 255.255.255.0。

（3）添加完 IP 地址后，需要到 DNS 服务器中登记 IP 地址和域名的主机记录。建立一个名称为 web1、IP 地址为 182.168.1.4 的主机；再建立一个名称为 web2、IP 地址为 192.168.1.5 的主机，如图 8-39 所示。

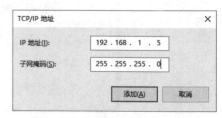

图 8-38　"TCP/IP 地址"对话框

图 8-39　在 DNS 中新建两个主机

（4）在 IIS 控制台中，使用 IP 地址 192.168.1.4 建立第一个网站，如图 8-40 所示。

（5）在 IIS 控制台中，使用 IP 地址 192.168.1.5 建立第二个网站，如图 8-41 所示。两个网站创建完成后如图 8-42 所示。

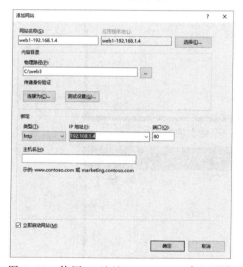

图 8-40　使用 IP 地址 192.168.1.4 建立网站

图 8-41　使用 IP 地址 192.168.1.5 建立网站

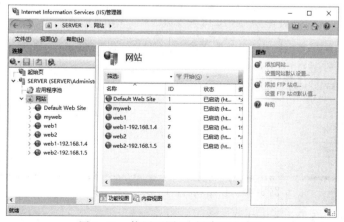

图 8-42　使用不同 IP 创建两个网站

（6）使用 IP 地址访问第一个站点，如图 8-43 所示；使用域名访问第一个站点，如图 8-44 所示；使用 IP 地址访问第二个站点，如图 8-45 所示；使用域名访问第二个站点，如图 8-46 所示。

图 8-43   使用 IP 地址访问第一个站点的结果

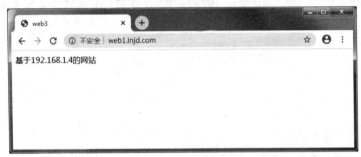

图 8-44   使用域名访问第一个站点的结果

图 8-45   使用 IP 地址访问第二个站点的结果

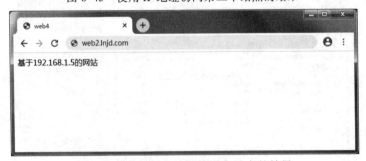

图 8-46   使用域名访问第二个站点的结果

注意：当一个站点拥有多个地址之后，必须指定 IP 地址，否则所有未使用的 IP 地址将会指定给该站点。

步骤三：使用不同的主机标题名称架设两个 Web 站点

（1）在 DNS 中加入新站点名称与固定 IP 地址之间的对应关系。建立一个主机，名称为 web1、IP 地址为 192.168.1.4；再建立一个主机，名称为 web2、IP 地址为 192.168.1.4，建立成功后如图 8-33 所示。

（2）在 IIS 控制台中，使用主机名技术建立第一个网站和第二个网站，如图 8-47 和图 8-48 所示。在"主机名"文本框中分别输入 web1.lnjd.com 和 web2.lnjd.com。两个网站创建完成后如图 8-49 所示。

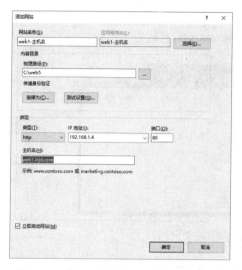

图 8-47　第一个站点的"主机名"设置

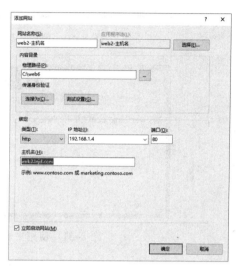

图 8-48　第二个站点的"主机名"设置

图 8-49　使用不同主机名创建两个网站

经过这样的设置，不但不影响原先的设置，而且可以在同一服务器中架设不同的站点。可以分别使用 web1.lnjd.com 和 web2.lnjd.com 来访问不同的站点，访问的结果分别如图 8-50 和图 8-51 所示。使用主机名技术建立的网站只能使用域名访问，不能使用 IP 地址访问，因为多个网站使用的是同一个 IP 地址。

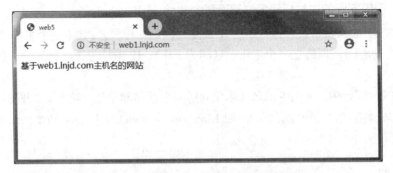

图 8-50 使用主机名 web1.lnjd.com 访问网站

图 8-51 使用主机名 web2.lnjd.com 访问网站

任务 18 管理 Web 服务器

学习目标
- 能够管理 Web 服务器。
- 能够实现 Web 网站安全。
- 能够备份与还原站点配置。

任务引入

某公司网络管理员在已经配置了 Web 服务器的情况下，为了保证 Web 服务器安全，对 Web 服务器进行管理，要求以 Windows Server 2016 网络操作系统为平台。

任务要求

（1）能管理 Web 服务器。

（2）能保证 Web 服务器安全。

（3）能备份与还原站点配置。

任务分析

作为网络管理员,应该具备熟练管理 Web 服务器的能力,本任务要通过 Web 站点主页的"SSL 设置""默认文档""限制""目录浏览""IP 地址及域名限制""身份验证"等功能对 Web 站点进行管理。

相关知识

1．Web 服务器管理

站点在建立后,管理员要进行维护和管理,如网站标识、允许连接到服务器的客户机数量、站点性能设置、站点主目录和文档等,对这些属性进行合理设置,能够更方便和有效地管理站点。

2．Web 网站安全

1）匿名身份验证

匿名访问也是要通过验证的,称为匿名验证。匿名验证使用户无须输入用户名或密码便可以访问 Web 站点的公共区域。当用户试图连接到公共 Web 站点时,Web 服务器将分配给用户一个名为 IUSR_computername（computername 是运行 IIS 的服务器名称）的 Windows 用户账户。

默认情况下,IUSR_computername 账户包含在 Windows 用户组 Guests 中。该组具有安全限制,并指出了访问级别和可用于公共用户的内容类型。

如果服务器上有多个站点,或站点上的区域要求不同的访问权限,就可以创建多个匿名账户,分别用于 Web 或 FTP 站点、目录或文件。通过赋予这些账户不同的访问权限,或将这些账户分配到不同的 Web 用户组,便可准许用户对公共 Web 和 FTP 内容的不同区域进行匿名访问。

IIS 以下列方式使用 IUSR_computername 账户:

（1）IUSR_computername 账户将添加到计算机上的 Guests 组。

（2）收到请求时,IIS 将在执行代码或访问文件之前模拟 IUSR_computername 账户。IIS 可以模拟 IUSR_computername 账户,因为 IIS 知道该账户的用户名和密码。

（3）在将页面返回到客户端之前,IIS 检查 NTFS 文件和目录权限,查看是否允许 IUSR_computername 账户访问该文件。

（4）如果允许访问,验证完成后用户便可以得到这些资源。

（5）如果不允许访问,IIS 将尝试使用其他验证方法。如果没有做出任何选择,IIS 则向浏览器返回"HTTP403 访问被拒绝"错误消息。

如果需要,无论是在 Web 服务器的服务级,还是单独的虚拟目录和文件级,都可以更改用于匿名验证的账户。但是,修改后的匿名账户必须具有本地登录的用户权限,否则 IIS 将无法为任何匿名请求提供服务。需要注意的是,IIS 在安装时特别授予 IUSR_computername 账户"本地登录"权限。默认情况下,不为域控制器上的 IUSR_computername 账户授予 Guests 权限,因此要允许匿名登录,必须更改为"本地登录"。

另外,也可以通过使用 MMC 的组策略管理器更改 Windows 中的 IUSR_computername 账户。

但是，如果匿名用户账户不具有特定文件或资源的访问权限，Web 服务器将拒绝建立与该资源的匿名连接。

2）基本身份验证

默认状态下，任何用户都可以访问 Web 服务器，即 Web 服务器实际上允许用户以匿名方式访问。若要限制普通用户对 Web 网站的访问时，用户身份的验证无疑是最简单、也是最有效的方式。若要取消对匿名访问的允许，可取消选中"身份验证方法"对话框中的"启用匿名访问"复选框，从而要求所有访问该站点的用户都必须通过身份验证。需要注意的是，必须首先创建有效的用户账户，然后再授予这些账户以某些目录和文件（必须采用 NTPS 文件系统）的访问权限，服务器才能验证用户的身份。

3）摘要式身份验证

摘要式验证只能在带有 Windows Server 2016 域控制器的域中使用。域控制器必须具有所有密码的纯文本附件，因为必须执行散列操作，并将结果与浏览器发送的散列值相比较。

只有 Microsoft Internet Explorer 5.0 及最新版本才支持摘要式验证。

警告：由于域控制器拥有所有密码的纯文本附件，因此必须保证其安全，免遭物理或网络攻击。

4）Windows 身份验证

如果集成 Windows 验证失败是由于不正确的用户证书或其他原因引起的，浏览器将提示用户输入其用户名和密码。需要注意的是，集成 Windows 验证无法在代理服务器或其他防火墙应用程序后使用。

只有 Microsoft Internet Explorer 4.0 或更高版本才支持集成 Windows 验证。

5）IP 地址及域名限制

当设置 Web 站点的安全属性时，系统自动为属于该站点的目录和文件设置同样的安全属性，除非某些单独目录和文件已经提前设置好了安全属性。Web 服务器将在设置 Web 站点安全属性时，提示允许重新设置该单独目录和文件的安全设置。如果选择了重新设置这些属性，则原先的安全设置将被这些新的设置所替代。同样的情况可应用于设置包含子目录和文件（已在先前设置好了安全属性）的目录的安全属性。

任务实施

扫一扫

任务18
管理 Web 服务器

步骤一：安装 IIS 角色服务

安装 IIS 服务器时，默认安装不会安装基本身份验证、摘要式身份验证、Windows 身份验证和 IP 地址及域名限制功能，安装上才能进行管理。

在"服务器管理器"的"选择服务器角色"窗口中，展开"Web 服务器（IIS）"→"Web 服务器"→"安全性"，选中"IP 和域限制""Windows 身份验证""基本身份验证""摘要式身份验证"复选框，如图 8-52 所示，进行安装。

图 8-52 安装 IP 及域限制等功能

步骤二: 管理 Web 服务器

在 IIS 管理器中, 选择 Default Web Site 站点, 在图 8-16 所示的窗口中, 可以对 Web 站点进行管理。在右侧的 "操作" 栏中, 可以对 Web 站点进行相关的操作。

1) 管理 IP 地址和端口

(1) 单击 "操作" 栏中的 "绑定" 按钮, 弹出 "网站绑定" 对话框, 如图 8-53 所示, 可以看到在 IP 地址下有个 "*" 号, 说明现在的 Web 站点绑定了本机所有的 IP 地址。

图 8-53 "网站绑定" 对话框

(2) 单击 "添加" 按钮, 弹出 "添加网站绑定" 对话框, 如图 8-54 所示。在 "IP 地址" 下拉列表中可以为该站点选择一个 IP 地址, 该 IP 地址必须是在 "网络连接" 中配置给当前计算机 (网卡) 的 IP 地址。由于 Windows Server 2016 可安装多块网卡, 并且每块网卡可绑定多个 IP 地址, 因此服务器可以拥有多个 IP 地址。如果这里不分配 IP 地址, 即选择 "全部未分配" 选项, 该站点将响应所有未分配给其他站点的 IP 地址, 即以该计算机默认站点的身份出现。当用户向该计算机的一个 IP 地址发出连接请求时, 如果该 IP 地址没有被分配给其他站点, 将自动打开这个默认站点。在 "端口" 文本框中默认的端口号是 80, 也可以设置其他任意一个唯一的

TCP 端口，这时须以"IP：TCP Port"的格式访问，否则将无法连接到该站点。

2）管理主目录

主目录即网站的根目录，保存 Web 网站的相关资源，如页面、图片等资源，默认路径为 C:\Inetpub\wwwroot 文件夹，为了网站安全，一般建议不使用默认文件夹作为网站主目录。

单击"操作"栏中的"基本设置"按钮，弹出"编辑网站"对话框，如图 8-55 所示，在"物理路径"下方的文本框显示的就是网站的主目录。此处的%SystemDrive%代表服务器的系统盘。单击"浏览"按钮可以更改主目录，如改成 D:\Web1，单击"确定"按钮保存。

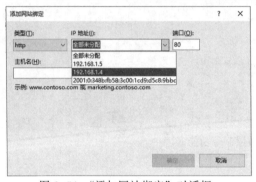
图 8-54　"添加网站绑定"对话框

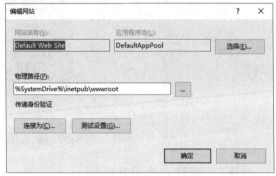
图 8-55　"编辑网站"对话框

3）管理网站

在右侧"操作"栏下有"管理网站"栏，包括"重新启动""启动"和"停止"按钮，可以停止、启动和重新启动 IIS 网站。如果两个网站同时使用相同端口，就应该利用"停止"按钮停止一个网站，需要时再利用"启动"按钮启动，如果改动了网站，却没有立即生效，可以利用"重新启动"按钮重启服务。

4）配置访问限制

单击"操作"栏中的"限制"按钮，弹出"编辑网站限制"对话框，如图 8-56 所示，在"限制"选项中，可以设置站点的连接属性，这些属性通常决定了站点的访问性能。由于硬件性能和带宽的限制，一个 Web 站点应限制连接超时，连接超时是指一个连接到 Web 站点上的客户在一定的时间内如果没有做出任何响应，将被自动断开连接。例如默认的连接超时为 120 s，这意味着一个当前连接客户连续超过 120 s 后，将被自动剔出系统（即断开连接）。

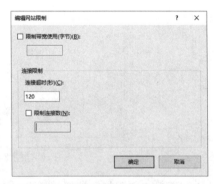
图 8-56　"编辑网站限制"对话框

（1）带宽限制。为了限制当前站点占用的总带宽数量，可以进行带宽截流设置。选中"限制网站可以使用的网络带宽"复选框，在"最大带宽"文本框中指定当前网站最多能够占用的带宽数，默认为 1024 kbit/s，达到这一限制时，多出部分的请求将被拒绝。

（2）网络连接。由于硬件性能和带宽的限制，一个 Web 站点所允许的同时访问的用户数量是有限的，过多的同时连接数往往可能导致问题甚至网站宕机。所以，对于访问数量大的站点而言，应限制同时连接数（默认情况下是不限制的）。选中"限制连接数"单选按钮并指定同时连接的数量即可，如果输入 50，说明同时连接的客户机数量最多为 50 台。

5）配置默认文档

Web 网站的主页一般都会设置成默认文档，当用户使用 IP 地址或者域名访问网站时，就不需要输入主页名，从而便于用户的访问。

在 IIS 管理器中，选择 Default Web Site 主页，双击"默认文档"，打开"默认文档"窗口，如图 8-57 所示，可以看出，系统自带了 5 种默认文档。

图 8-57　"默认文档"窗口

如果管理员在创建网站时，不使用系统默认的文档名称，如建立的主页名为 web1.html，就需要再添加该主页名到默认文档中，单击"添加"按钮，弹出图 8-58 所示的对话框，输入文档名称 web1.html，即可使用 web1.html 作为网站主页。

如果需要删除默认文档名，在默认文档列表框中选中想要删除的文件名，并单击"删除"按钮，即可将其删除。

图 8-58　"添加默认文档"对话框

步骤三：实现 Web 网站安全

1．IP 地址及域名限制

有些 Web 站点由于使用范围的限制，或者出于安全性考虑，可能需要只向特定用户公开，而不是向所有用户公开。此时，就需要 IP 地址限制。

（1）在 IIS 管理器中，选择 Default Web Site 主页，找到需要进行限制的站点，如已经建立的站点 my web，如图 8-59 所示。

（2）双击"IP 地址和域限制"，打开"IP 地址和域限制"窗口，如图 8-60 所示，在右侧的窗口可以执行"添加允许条目"和"添加拒绝条目"等操作。

图 8-59　my web 站点主页

图 8-60　"IP 地址和域限制"窗口

（3）单击"添加拒绝条目"按钮，弹出图 8-61 所示的对话框，拒绝客户机 192.168.1.12 访问 my web 服务器，在"特定 IP 地址"下方的文本框中输入 IP 地址 192.168.1.12，表示拒绝 192.168.1.12 访问服务器。

各选项的说明如下：

① 特定 IP 地址。当想要授权访问的计算机的 IP 地址不连续时，可使用该方式逐一添加。在"IP 地址"文本框中输入想要授予访问权限的计算机的 IP 地址，并单击"确定"按钮。

② IP 地址范围。当想要授予某一连续 IP 地址段的多台计算机的访问权限时，可使用该方式同时添加多台计算机。当局域网拥有多个 IP 子网时，由于子网中的所有计算机有相同的子网标识和自己的主

图 8-61　拒绝 192.168.1.12 访问服务器

机标识，因此，可通过指定网络标识和子网掩码的方式选择一组计算机。例如，如果主机拥有 IP 地址 192.168.0.1 和子网掩码 255.255.255.0，那么子网中的所有计算机将拥有以 192.168.0 开头的 IP 地址。要选择子网中的所有计算机，可在"网络标识"文本框中输入 192.168.0.1，在"子网掩码"文本框中输入 255.255.255.0。

（4）单击"确定"按钮，即添加了拒绝客户机访问，如图 8-62 所示。

图 8-62　拒绝客户机访问完成界面

（5）在客户机浏览器中输入 http://192.168.1.4 访问网站，出现访问被拒绝的提示，如图 8-63 所示。

图 8-63　访问被拒绝的提示

（6）将"IP 地址和域限制"窗口的拒绝条目删除，再在客户端重新访问，又能正常访问，如图 8-64 所示，说明拒绝访问生效。

图 8-64　删除拒绝条目后正常访问页面

2. 身份验证

加密传输和用户授权均可在"身份验证"窗口中完成,在 IIS 管理器中,选择 Default Web Site 主页,双击"身份验证"按钮,打开"身份验证"窗口,如图 8-65 所示。

图 8-65 "身份验证"窗口

更改用于匿名验证的 Windows 账户的操作如下:

(1)在"身份验证和访问控制"选项组中单击"编辑"按钮,弹出"编辑匿名身份验证凭据"对话框,如图 8-66 所示。

(2)单击"设置"按钮,弹出"设置凭据"对话框,如图 8-67 所示。

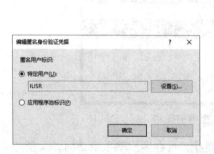

图 8-66 "编辑匿名身份验证凭据"对话框

图 8-67 "设置凭据"对话框

(3)选择匿名访问的账户并输入用户密码。如果提供的匿名账户密码与 Windows 为该账户设置的密码不同,则匿名验证无效。没有通过验证的用户访问页面时会出现错误提示,如图 8-68 所示。

注意:更改 IUSR_computername 账户将影响 Web 服务器服务的各个匿名 HTTP 请求,因此,应当谨慎行事,并给用户提供必要的提示。

图 8-68　无法访问页面

步骤四：备份与还原站点配置

无论是重装操作系统还是将 IIS 服务器中的配置应用到其他计算机，站点配置的备份和还原很有用途。

IIS 的重要数据文件都保存在%windir%\system32\inetstr\config 文件夹中，如果手动备份，只要复制一份 config 文件即可。

也可以通过 appcmd.exe 来管理备份。

1．备份

在"运行"对话框中输入 "%windir%\system32\inetstr\appcmd.exe add backup"备份文件名""命令。

2．还原

在"运行"对话框中输入 "%windir%\system32\inetstr\appcmd.exe restore backup"备份文件名""命令。

技 能 训 练

1．训练目的
（1）掌握 Web 服务器的基本知识。
（2）能够配置 Web 服务器。
（3）能够进行客户端验证。

2．训练环境
（1）Windows Server 2016 计算机。
（2）Windows 客户机。
（3）查看网卡的 IP 地址是否设置正确，检测服务器和 Windows 客户机是否连通，查看 IIS 服务程序是否安装，查看防火墙是否允许 Web 服务。

3．训练内容

（1）规划 Web 服务器资源和访问资源的用户权限，并画出网络拓扑图。

（2）配置 Web 服务器。

① 启动 Web 服务。

② 使用域名 www.lnjd.com 访问公司网站。

③ 配置虚拟目录，并进行访问。

④ 建立基于不同端口的多个网站。

⑤ 建立基于不同 IP 的多个网站。

⑥ 建立基于不同主机头的多个网站。

（3）在客户端验证。

在客户端分别使用浏览器和命令方式访问 Web 服务器。

4．训练要求

实训分组进行，可以 2 人一组，小组讨论，确定方案后进行讲解，教师给予指导，全体学生参与评价，方案实施过程中，一个计算机作为 Web 服务器，另一个计算机作为客户机，要轮流进行角色转换。

5．实训总结

完成实训报告，总结项目实施中出现的问题。

单元 9 | 管理 Windows Server 2016 证书服务器

本单元设置 1 个任务，是配置 Windows Server 2016 证书服务器，该任务介绍了安装 CA、架设公司网站，使用域名进行访问、为 Web 服务器申请、安装证书、验证并访问安全的 Web 站点。

任务 19 配置 Windows Server 2016 证书服务器

学习目标

- 掌握证书（CA）的基本知识。
- 能够安装证书服务器。
- 能够配置证书服务器。
- 能够应用证书服务。

任务引入

某公司网络管理员要以 Windows Server 2016 网络操作系统为平台，建设公司的网站，公司的域名为 lnjd.com，为了公司网站安全，利用安全套接层（SSL）协议实现安全的数据通信，公司的网络拓扑图如图 9-1 所示。

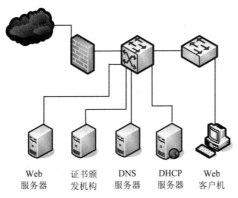

| Web
服务器 | 证书颁
发机构 | DNS
服务器 | DHCP
服务器 | Web
客户机 |

图 9-1　公司网络拓扑图

任务要求

（1）要求公司域名为 lnjd.com。

（2）能够成功利用 IP 地址和域名访问公司网站。

（3）能够使用 SSL 协议访问公司网站。

任务分析

作为公司的网络管理员，为了完成该任务，需要进行网络规划，首先利用 Internet 信息服务管理器（IIS）的默认站点架设公司的网站，实现客户机使用域名 www.lnjd.com 访问公司网站；证书颁发机构在服务器 192.168.1.4 上安装证书服务，为 Web 服务器申请安装证书；最后验证并访问安全点的 Web 站点。

相关知识

1. SSL 安全协议

SSL 安全协议最初是由美国网景 Netscape Communication 公司设计开发的，全称是安全套接层（Secure Sockets Layer）协议。该协议指定了在应用程序协议（如 HTTP、Telnet、FTP）和 TCP/IP 之间提供数据安全性分层的机制，是在传输通信协议（TCP/IP）上实现的一种安全协议，采用公开密钥技术。它为 TCP/IP 连接提供数据加密、服务器认证、消息完整性以及可选的客户机认证。

服务器部署 SSL 证书后，能确保服务器与浏览器之间的数据传输是加密传输的，是不能在数据传输过程中被篡改和被解密的。所以，所有要求用户在线填写机密信息（包括有关信用卡、储蓄卡、身份证，以及各种密码等重要信息）的网站都应该使用 SSL 证书来确保用户输入的信息不会被非法窃取，这不仅是对用户负责的做法，也是保护网站信息的有效手段。而用户也应该有这种意识，在线填写用户认为需要保密的信息时看看浏览器右下是否出现一个锁样标志，如果没有锁样标志，则表明用户正在输入的信息有可能在提交到服务器的网络传输过程中被非法窃取，建议用户拒绝在不显示安全锁的网站上提交任何用户认为需要保密的信息，这样才能确保用户的机密信息不会被泄露。

目前，国内用户可选择购买的 SSL 证书有两种：一种是直接支持所有浏览器的 WoSign/Verisign 等公司颁发的；一种是国内各种认证中心颁发的，但不被浏览器认可，需要另外安装根证书，同时在访问网站时会提示"该安全证书没有选定信任的公司颁发"或单击锁标志查询证书时会显示"无法将这个证书验证到一个受信任的证书颁发机构"。用户应该根据自己的需要正确选择全球通用的支持所有浏览器的 SSL 证书。

2. CA 的作用

目前，我国几乎在各个省市都成立了 CA（Certification Authority）认证中心，CA 的作用就是检查证书持有者身份的真实性，并用数学方法在数字证书上签字确认其合法性，以防止证书被伪造或篡改，起到一个通过权威的第三方身份认证的目的。而私钥是保存在自己服务器或个人计算机上的，任何 CA 是不可能得到此私钥的，所以任何 CA 都不可能窃取或解密服务器与浏览器之间的 SSL 传输加密数据，浏览器与服务器之间的加密传输过程也不经过 CA 的认证服务器，直接是用户端计算机与服务器之间的数据传输。既然 CA 系统（PKI 体系）使得任何 CA 只是起到一个第三方证明的目的，而不可能窃取机密数据，用户当然应该选择全球通用的、支持所有浏览器的国际认证的数字证书。

3. 基于 Windows 的 CA 支持 4 种类型

（1）企业根 CA。它是证书层次结构中的最高级 CA，企业根 CA 需要 AD。企业根 CA 自行签发自己的 CA 证书，并使用组策略将该证书发布到域中的所有服务器和工作站的受信任的根证书颁发机构的存储区中，通常企业 CA 不直接为用户和计算机证书提供资源，但是它是证书层次结构的基础。

（2）企业从属 CA。企业从属 CA 必须从另一 CA（父 CA）获得它的 CA 证书，企业从属 CA 需要 AD，当希望使用 AD、证书模板和智能卡登录到运行 Windows 的计算机时，应使用企业从属 CA。

（3）独立根 CA。独立根 CA 是证书层次结构中的最高级 CA。独立根 CA 既可以是域的成员，也可以不是，因此它不需要 AD。但是，如果存在 AD 用于发布证书和证书吊销列表，则会使用 AD，由于独立根 CA 不需要 AD，因此可以很容易地将它从网络上断开并置于安全的区域，这在创建安全的离线根 CA 时非常有用。

（4）独立从属 CA。独立从属 CA 必须从另一 CA（父 CA）获得它的 CA 证书，独立从属 CA 可以是域的成员也可以不是，因此它不需要 AD，但是如果存在 AD 用于发布和证书吊销列表，则会使用 AD。

任务实施

步骤一：安装 CA

（1）选择"服务器管理器"命令，弹出"服务器管理器"窗口，如图 9-2 所示。

扫一扫

任务19
配置 Windows
Server 2016 证
书服务器

图 9-2　"服务器管理器"窗口

（2）单击"添加角色和功能"超链接，弹出"添加角色和功能向导"窗口，如图 9-3 所示，提示安装之前，确定管理员账号已经设置强密码、已经为服务器设置了 IP 地址等，单击"下一步"按钮执行后续操作。

（3）选择"安装类型"，可以选择在实际的物理计算机、虚拟机或者脱机虚拟硬盘上安装角色和功能，如图 9-4 所示，管理员选择"基于角色或基于功能的安装"，即在本机上安装。

（4）单击"下一步"按钮，弹出"选择目标服务器"对话框，如图 9-5 所示，选中"从服务器池中选择服务器"单选按钮，服务器的名称是 server，IP 地址是 192.168.1.4。

图 9-3　安装前准备工作

图 9-4　"选择安装类型"窗口

图 9-5　"选择目标服务器"窗口

（5）单击"下一步"按钮，弹出"选择服务器角色"窗口，如图 9-6 所示，当选择"Active Directory 证书服务"时，弹出确认添加 Active Directory 证书服务所需的功能窗口，如图 9-7 所示。

图 9-6　"选择服务器角色"窗口　　　　　　　　　图 9-7　确认添加功能

（6）单击"添加功能"按钮，弹出"选择功能"窗口，如图 9-8 所示，选择默认选项即可。

图 9-8　"选择功能"窗口

（7）单击"下一步"按钮，弹出"Active Directory 证书服务"窗口，如图 9-9 所示，该窗口对 Active Directory 证书服务进行简单介绍，并提示安装 Active Directory 证书服务注意事项，单击"下一步"按钮，弹出"选择角色服务"窗口，如图 9-10 所示，选择要为 Active Directory 证书服务安装的角色服务，管理员选择"证书颁发机构"和"证书颁发机构 Web 注册"两项。

（8）单击"下一步"按钮，弹出"确认安装所选内容"窗口，如图 9-11 所示，单击"安装"按钮开始安装 Active Directory 证书服务。安装需要几分钟的时间，如图 9-12 所示。

（9）安装和配置完成后，在服务器管理器左侧出现 AD CS 服务，在右上角有一个▲图标，单击该图标，弹出"AD CS 配置"窗口，配置该服务器上的证书服务，如图 9-13 和图 9-14 所示。

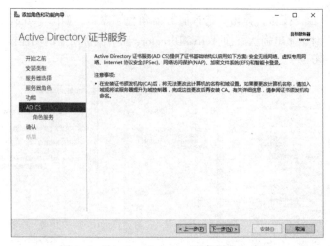

图 9-9 "Active Directory 证书服务" 窗口

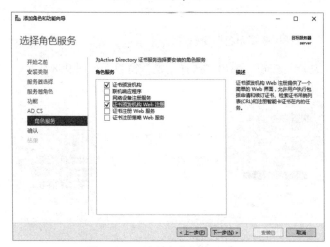

图 9-10 "选择角色服务" 窗口

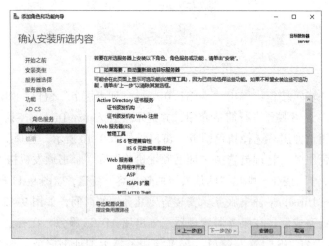

图 9-11 "确认安装所选内容" 窗口

图 9-12 正在安装 Active Directory 证书服务

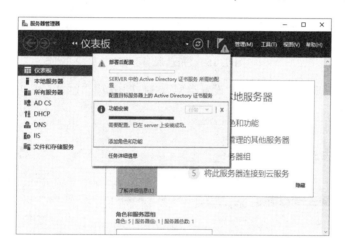

图 9-13 配置证书服务器

图 9-14 "AD CS 配置"窗口

（10）单击"下一步"按钮，弹出"角色服务"窗口，如图 9-15 所示，选择"证书颁发机构"和"证书颁发机构 Web 注册"两项。

图 9-15　"角色服务"窗口

（11）单击"下一步"按钮，弹出"设置类型" 窗口，选中"独立 CA"单选按钮，如图 9-16 所示。

图 9-16　"设置类型"窗口

（12）单击"下一步"按钮，弹出"CA 类型"窗口，选中"根 CA"单选按钮，如图 9-17 所示。

（13）单击"下一步"按钮，弹出"私钥"窗口，选中"创建新的私钥"单选按钮，如图 9-18 所示。

（14）单击"下一步"按钮，弹出"CA 的加密"窗口，保持默认选项，如图 9-19 所示。

图 9-17　"CA 类型"窗口

图 9-18　"私钥"窗口

图 9-19　"CA 的加密"窗口

（15）单击"下一步"按钮，弹出"CA 名称"窗口，在"此 CA 的公用名称"文本框中输入 www.lnjd.com，如图 9-20 所示。

图 9-20 "CA 名称"窗口

（16）单击"下一步"按钮，弹出"有效期"窗口，为此 CA 生成的证书设置有效期，默认时间是 5 年，如图 9-21 所示。

图 9-21 "有效期"窗口

（17）单击"下一步"按钮，弹出"CA 数据库"窗口，"证书数据库位置"和"证书数据库日志位置"使用默认位置即可，如图 9-22 所示。

（18）单击"下一步"按钮，弹出"确认"窗口，单击"配置"按钮开始安装证书服务，如图 9-23 所示。

（19）安装完成后，弹出"结果"窗口，如图 9-24 所示。单击"关闭"按钮后，证书安装结束。

图 9-22　"CA 数据库"窗口

图 9-23　"确认"窗口

图 9-24　"结果"窗口

步骤二：架设公司网站，使用域名进行访问

将单元 8 任务 16 中编写的公司网站主页文件 index.html 复制到 IIS 的默认网站主目录 C:\inetpub\wwwroot 中，表示要将该主页作为网站主页。

在 IE 浏览器中使用 IP 地址 192.168.1.4 访问该默认网站，如图 9-25 所示，使用域名 www.lnjd.com 访问该网站，如图 9-26 所示。

图 9-25　使用 IP 地址访问默认网站

图 9-26　使用域名访问默认网站

步骤三：为 Web 服务器申请和安装证书

支持 SSL 协议的 Web 服务器需要申请和安装自己的证书，以便在合适的时候将自己的公开密钥传递给浏览器。在 Web 服务器上配置 SSL 协议需要经过证书的申请、证书的下载、证书的安装和 Web 服务器的配置等过程。

1．准备一个证书请求信息

（1）选择"服务器管理器"窗口中的"Internet 信息服务管理器"命令，弹出图 9-27 所示的控制台。证书服务安装完成后，在默认网站下多了 CertSrv 选项。

（2）在 IIS 管理控制树中选择"服务器证书"图标，如图 9-28 所示。

（3）单击"服务器证书"按钮，弹出"服务器证书"窗口，如图 9-29 所示。

（4）单击"操作"栏中的"创建证书申请"超链接，弹出"可分辨名称属性"对话框，在"通用名称"文本框中输入 www.lnjd.com，其他项管理员根据网络实际情况进行填写，如图 9-30 所示。

（5）单击"下一步"按钮，弹出"加密服务提供程序属性"对话框，如图 9-31 所示，保持默认值。

图 9-27　IIS 控制台

图 9-28　"SERVER 主页"窗口

图 9-29　"服务器证书"窗口

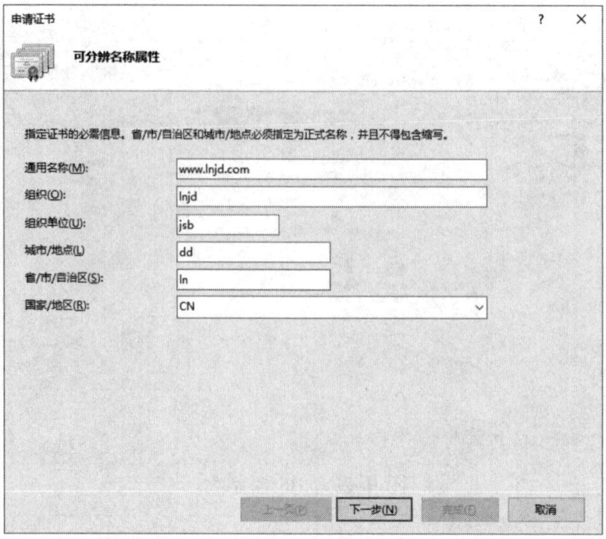

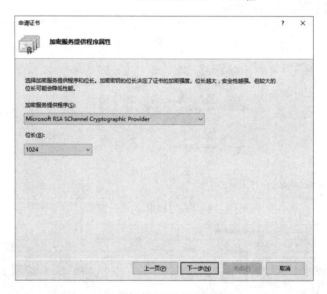

图 9-30 "可分辨名称属性"对话框

图 9-31 "加密服务提供程序属性"对话框

（6）单击"下一步"按钮，弹出"文件名"对话框，如图 9-32 所示，文件名和存储位置可以自行确定，管理员将生成的文件命名为 lnjd.txt，存放在桌面上（该文件后续操作要使用），单击"完成"按钮创建完成。

2. 提交证书申请

准备好证书请求信息之后，需要将该文件提交给证书颁发机构，证书颁发机构的 IP 地址是 192.168.1.4，以便管理机构为申请者签发和颁发证书。证书申请的提交工作通过浏览器完成。

（1）启动 IE 浏览器，在地址栏中输入 http://192.168.1.4/certsrv，弹出图 9-33 所示的窗口。

（2）单击"申请证书"超链接，弹出"申请一个证书"窗口，如图 9-34 所示。由于此任务是为 Web 服务器申请证书，因此单击"高级证书申请"超链接。

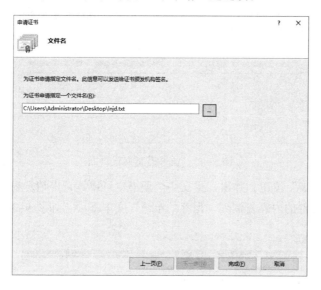

图 9-32 定义文件名

图 9-33 任务选择页面

图 9-34 选择申请证书类型

（3）由于已经形成一个证书请求文件，因此单击"使用 base64 编码的 CMC 或 PKCS#10 文件提交一个证书申请……"超链接，如图 9-35 所示。

图 9-35　证书提交方式页面

（4）单击"下一步"按钮，弹出"提交一个证书申请或续订申请"窗口，使用记事本打开 C:\certsrv 文件，将文件的内容复制到"保存的申请"文本框中，如图 9-36 所示。

图 9-36　选择证书申请文件

（5）单击"提交"按钮，证书申请文件将传送到安装有证书颁发机构的服务器 192.168.1.4 中，如图 9-37 所示。

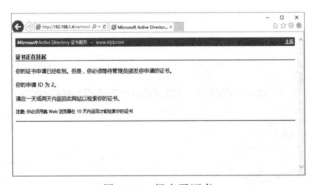

图 9-37　提交了证书

证书申请提交之后，通常并不能立即得到需要的证书。证书管理机构在审查有关资料后，才可能为申请者颁发证书。

3．为证书申请者颁发证书

（1）选择"服务器管理器"窗口中的"工具"→"证书颁发机构"命令，弹出图 9-38 所示的控制台。

图 9-38　证书颁发机构控制台

（2）单击左侧窗口中的"挂起的申请"按钮，右侧窗口中列出所有未处理的证书申请信息，如图 9-39 所示。

图 9-39　查看挂起的证书申请

（3）右击需要处理的证书申请，在弹出的快捷菜单中选择"所有任务"→"颁发"命令，如图 9-40 所示，颁发的证书会显示在"颁发的证书"目录中，如图 9-41 所示。

图 9-40　颁发证书

图 9-41　查看颁发的证书

4. 下载证书

当证书颁发机构颁发证书后，证书申请者可通过浏览器下载自己的证书。

（1）打开 IE 浏览器，在地址栏中输入 http://192.168.1.4/certsrv，弹出图 9-42 所示的窗口。

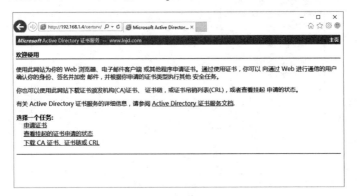

图 9-42　"证书服务"窗口

（2）单击"查看挂起的证书申请的状态"超链接，再单击"下一步"按钮，系统将显示所有挂起证书的列表，如图 9-43 所示。

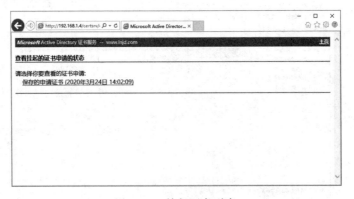

图 9-43　挂起证书列表

（3）选择需要下载的证书，单击"下一步"按钮，再单击"下载证书"超链接，如图 9-44 所示，系统把颁发的证书存储在指定的文件中，系统默认的证书文件名是 certnew.cer，保存在桌面上。

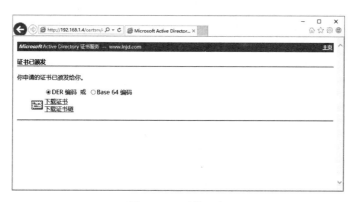

图 9-44　下载证书

5．安装证书

得到了证书颁发机构颁发的证书后，就可以将它安装在 Web 服务器上。

（1）打开 IIS 管理器，双击"服务器证书"图标，在"服务器证书"窗口中单击"完成证书申请"超链接，在弹出的对话框中，选择并填入上一步下载的证书文件，并在"好记名称"文本框中输入 www.lnjd.com，如图 9-45 所示。

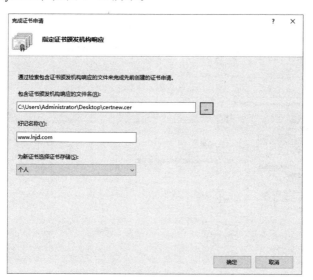

图 9-45　"完成证书申请"对话框

（2）单击"确定"按钮后，证书成功安装，可在"服务器证书"窗口看到 www.lnjd.com 证书，如图 9-46 所示。

图 9-46　查看证书

6. 为 Web 站点启动 SSL 功能

（1）在 IIS 管理器中，选择 Default Web Site，单击右侧"操作"栏中的"绑定"按钮，在弹出的"网站绑定"对话框中单击"添加"按钮，再在弹出的"添加网站绑定"对话框中选择类型为 https，端口号为 443，SSL 证书为 www.lnjd.com，如图 9-47 所示。

（2）单击"确定"按钮，在 IIS 管理器中选中 Default Web Site，在"Default Web Site 主页"窗口中双击"SSL 设置"图标，选中"要求 SSL"复选框，如图 9-48 所示。

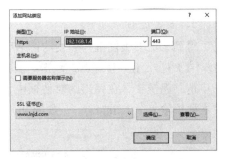

图 9-47　"添加网站绑定"对话框

图 9-48　安全通信设置对话框

（3）单击"操作"栏中的"应用"按钮，完成设置。

步骤四：验证并访问安全的 Web 站点

打开 IE 浏览器，在地址栏中输入 http://192.168.1.4 或者 http://www.lnjd.com，如果显示图 9-49 所示的页面，就说明站点已经启用安全通道，无法访问。

图 9-49 使用 http 协议不能正常访问站点

将地址修改为 https://192.168.1.4，如果显示图 9-50 所示的网页，表示已成功访问公司站点。在浏览器与 Web 服务器建立连接后，该服务器将自动向浏览器发送站点证书并开始加密形式的数据传输。

图 9-50 通过 SSL 使用 IP 地址访问公司站点

将地址修改为 https://www.lnjd.com，显示图 9-51 所示的页面。

图 9-51 通过 SSL 使用域名访问公司站点

技 能 训 练

1．训练目的

（1）了解证书服务器的作用。

（2）能够配置证书服务器。

（3）能够进行客户端验证。

2．训练环境

（1）Windows Server 2016 系统的计算机。

（2）Windows 系统的客户机。

3．训练内容

（1）规划证书服务器的名称，并画出网络拓扑图。

（2）配置证书服务器。

① 使用域名 www.lnjd.com 访问公司网站。

② 安装证书服务器。

③ 配置证书服务器。

（3）在客户端验证。

在客户端访问服务器。

4．训练要求

实训分组进行，可以 2 人一组，小组讨论，确定方案后进行讲解，教师给予指导，全体学生参与评价，方案实施过程中，一个计算机作为 Web 服务器和证书服务器，另一个计算机作为客户机，要轮流进行角色转换。

5．实训总结

完成实训报告，总结项目实施中出现的问题。

单元 10 管理 Windows Server 2016 FTP 服务器

本单元设置 3 个任务，任务 20 介绍了安装 FTP 服务器、配置 FTP 服务器、使用 FTP 服务器、创建虚拟目录、使用域名访问 FTP 站点和使用一般端口访问 FTP 站点；任务 21 介绍了架设用户隔离 FTP 站点和架设用 Active Directory 隔离用户 FTP 站点；任务 22 介绍了管理 FTP 站点基本属性、管理 FTP 站点安全账户、管理 FTP 站点目录安全性、管理 FTP 站点信息和管理 FTP 站点主目录。

任务 20　架设公司公共 FTP 站点

学习目标

- 掌握 FTP 协议的基本知识。
- 能够安装 FTP 服务器。
- 能够配置 FTP 服务器。
- 能够访问 FTP 服务器。

任务引入

某公司网络管理员要以 Windows Server 2016 网络操作系统为平台，建设公司 FTP 服务器，公司的域名为 lnjd.com，公司的网络拓扑图如图 10-1 所示。

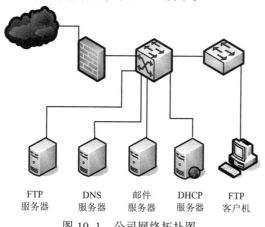

| FTP
服务器 | DNS
服务器 | 邮件
服务器 | DHCP
服务器 | FTP
客户机 |

图 10-1　公司网络拓扑图

任务要求

（1）要求公司域名为 lnjd.com。

（2）要求公司员工使用 IP 地址 192.168.1.4 访问公司 FTP 站点。

（3）要求公司员工使用域名 ftp.lnjd.com 访问公司 FTP 站点。

任务分析

作为公司的网络管理员，为了完成该任务，需要进行网络规划与分析，该 FTP 服务器为所有公司员工提供匿名服务，共享了常用软件和公司的常规文件，用户不用进行身份验证即可直接登录、访问及下载资源。FTP 服务器的 IP 地址设置为 192.168.1.4，首先利用 Internet 信息服务管理器（IIS），使用 IP 地址 192.168.1.4 架设 FTP 服务器，实现客户机访问公司 FTP 站点；再在 DNS 服务器中添加主机记录 ftp.lnjd.com，实现使用域名 ftp.lnjd.com 访问公司 FTP 站点，最后使用 IIS 的虚拟目录功能，访问 FTP 服务器的其他资源。

相关知识

在因特网服务器中存有大量的共享软件和免费资源，要想从服务器中把文件传送到客户机上或者将客户机上的资源传送至服务器，就必须在两台计算机之间进行文件传送，此时双方要遵循一定的规则，如传送文件的类型与格式。基于 TCP 的文件传送协议 FTP 和基于 UDP 的简单文件传送协议 TFTP 都是文件传送时使用的协议。它们的特点是复制整个文件，即若要存取一个文件，就必须先获得一个本地的文件副本。如果要修改文件，就只能对文件的副本进行修改，然后将修改后的副本传回到原结点。

1. 文件传送协议

文件传送协议（File Transfer Protocol，FTP）用于实现文件在远端服务器和本地主机之间的传送。FTP 采用的传输层协议是面向连接的 TCP 协议，使用端口 20 和 21。其中，20 端口用于数据传输，21 端口用于控制信息的传输。控制信息和数据信息能够同时传输，这是 FTP 的特殊之处。

FTP 的另一个特点是假如用户处于不活跃的状态，服务器会自动断开连接，强迫用户在需要时重新建立连接。

FTP 使用客户机/服务器模式。一个 FTP 服务器进程可同时为多个客户进程提供服务。FTP 的服务器进程由两大部分组成：一个是主进程，负责接受新的请求；另外有若干个从属进程，负责处理单个请求。

主进程的工作步骤如下：

（1）打开熟知端口 21，使客户进程能够连接上。

（2）等待客户进程发出连接请求。

（3）启动从属进程来处理客户进程发来的请求。从属进程对客户进程的请求处理完毕后即终止，但从属进程在运行期间根据需要还可以创建其他子进程。

（4）回到等待状态，继续接收其他客户进程发来的请求。主进程和从属进程的处理是并发进行的。

2．简单文件传送协议

简单文件传送协议（Trivial File Transfer Protocol，TFTP）也用于文件传送。TFTP 采用的传输层协议是无连接的 UDP 协议，是不可靠的协议，因此 TFTP 需要有自己的差错改正措施，TFTP 协议使用端口 69 进行数据传输。TFTP 也使用客户机服务器模式。

TFTP 的优点如下：

（1）TFTP 可用于 UDP 环境。例如，当需要将程序或文件同时向许多计算机下载时，使用 TFTP 的效率比较高。

（2）TFTP 代码所占的内存较小。这对于较小的计算机或某些特殊用途的设备是很重要的。这些设备不需要硬盘，只需要固化 TFTP、UDP 和 IP 的小容量只读存储器即可。接通电源后，设备执行只读存储器中的代码，在网络上广播一个 TFTP 请求，网络上的 TFTP 服务器就发出响应，其中包括可执行二进制程序。设备接收到此文件后将其放入内存，然后开始运行程序。这种方式增加了灵活性，也减少了开销。

 **任务实施**

步骤一：安装 FTP 服务器

在单元 8 中，已经介绍了应用程序服务器中网站的使用，但是在 Windows Server 2016 中，IIS 8.0 默认不安装 FTP 服务器，需要在"选择服务器角色"窗口中选择加入 FTP 服务器。

安装步骤如下：

（1）选择"服务器管理器"命令，弹出"服务器管理器"窗口，如图 10-2 所示。

扫一扫●┈┈┈┈

任务20
架设公司公共
FTP 站点
●┈┈┈┈┈┈

图 10-2　"服务器管理器"窗口

（2）单击"添加角色和功能"超链接，弹出"添加角色和功能向导"窗口，如图 10-3 所示，提示安装之前，确定管理员账号已经设置强密码、已经为服务器设置了 IP 地址等，单击"下一步"按钮执行后续操作。

（3）选择"安装类型"，可以选择在实际的物理计算机、虚拟机或者脱机虚拟硬盘上安装角色和功能，如图 10-4 所示，管理员选择"基于角色或基于功能的安装"，即在本机上安装。

图 10-3　安装前准备工作

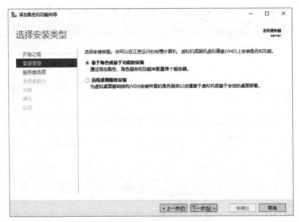

图 10-4　"选择安装类型"窗口

（4）单击"下一步"按钮，弹出"选择目标服务器"窗口，如图 10-5 所示，选中"从服务器池中选择服务器"单选按钮，服务器的名称是 server，IP 地址是 192.168.1.4。

图 10-5　"选择目标服务器"窗口

（5）单击"下一步"按钮，弹出"选择服务器角色"窗口，在单元 8 中已经安装了 Web 服务器，所以"Web 服务器（IIS）"显示状态是"已安装"，展开"Web 服务器（IIS）"，选中"FTP 服务器"的复选框，如图 10-6 所示。

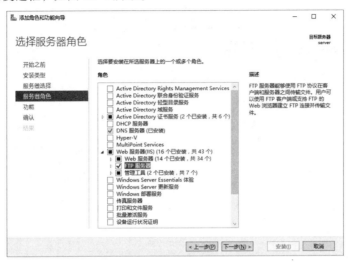

图 10-6　"选择服务器角色"窗口

（6）单击"下一步"按钮，弹出"选择功能"窗口，如图 10-7 所示，选择默认选项即可。

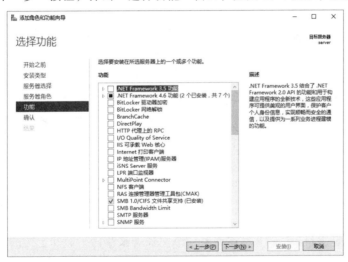

图 10-7　"选择功能"窗口

（7）单击"下一步"按钮，弹出"确认安装所选内容"窗口，如图 10-8 所示，单击"安装"按钮开始安装 FTP 服务器。安装需要几分钟的时间，如图 10-9 所示。

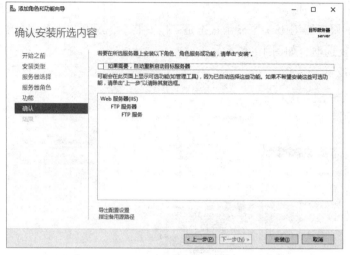

图 10-8　"确认安装所选内容"窗口

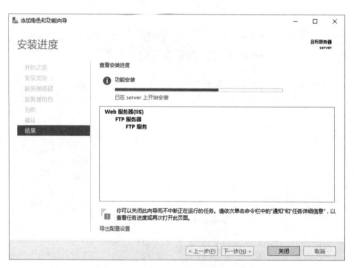

图 10-9　正在安装 FTP 服务器

步骤二：配置 FTP 服务器

（1）为站点指定主目录。FTP 站点需要一个文件夹来存储下载和上传的文件，即主目录，管理员在 C 盘创建一个文件夹 ftp，作为站点主目录，并在其中创建一些文件，如图 10-10 所示。

（2）选择"服务器管理器"窗口中的"工具"→"Internet 信息服务（IIS）管理器"命令，弹出图 10-11 所示的控制台。

（3）单击"操作"栏下方的"添加 FTP 站点"超链接，弹出"添加 FTP 站点"对话框，在"FTP 站点名称"文本框中输入公司 FTP 站点名称为"公司 FTP 站点"，该名称并非真正的 FTP 站点域名，"物理路径"选择 C:\FTP，如图 10-12 所示。

图 10-10　创建 FTP 站点主目录

图 10-11　FTP 服务管理器

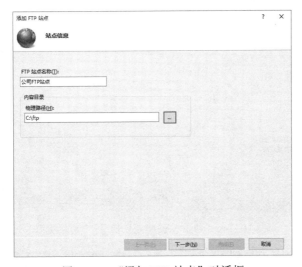

图 10-12　"添加 FTP 站点"对话框

（4）单击"下一步"按钮，弹出"绑定和SSL设置"对话框，指定该站点使用的IP地址和TCP端口号，注意默认的端口号为21，IP地址使用本机IP地址，即把本机设置为FTP服务器，因为此站点没有SSL证书，选择"无SSL"选项，如图10-13所示。

（5）单击"下一步"按钮，弹出"身份验证和授权信息"对话框，"身份验证"选择"匿名"和"基本"两种方式；"允许访问"选择所有用户，表示此FTP站点允许所有用户访问；"权限"选择"读取"，表示客户端允许下载文件，不允许上传文件，如图10-14所示。

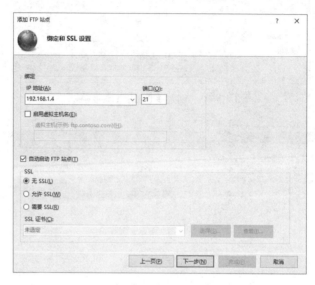

图10-13 "绑定和SSL设置" 对话框

图10-14 "身份验证和授权信息" 对话框

（6）单击"完成"按钮，回到IIS管理控制台窗口，在"网站"下方出现了新建的FTP站点，名称为"公司FTP站点"，如图10-15所示。

图 10-15　完成 FTP 站点的创建

步骤三：使用 FTP 服务器

客户端要连接到 FTP 服务器，有两种方法可以实现，一种是命令方式，即利用内置的 FTP 客户端连接程序 ftp.exe，一种是浏览器方式。

1. 使用命令方式访问 FTP 服务器

（1）在"运行"对话框中输入 cmd 并按【Enter】键，出现命令窗口，再输入 ftp 192.168.1.4，并按【Enter】键，如图 10-16 所示。

图 10-16　连接到 FTP 服务器

（2）使用匿名账号 anonymous 或者 ftp 登录，密码可以输入 E-mail 地址，也可以不输入。在 ftp>提示符下输入 dir 命令查看匿名 FTP 服务器目录，看到目录下有文件 file1.txt、lnjd.txt 等，即 FTP 服务器主目录下的文件，如图 10-17 所示。

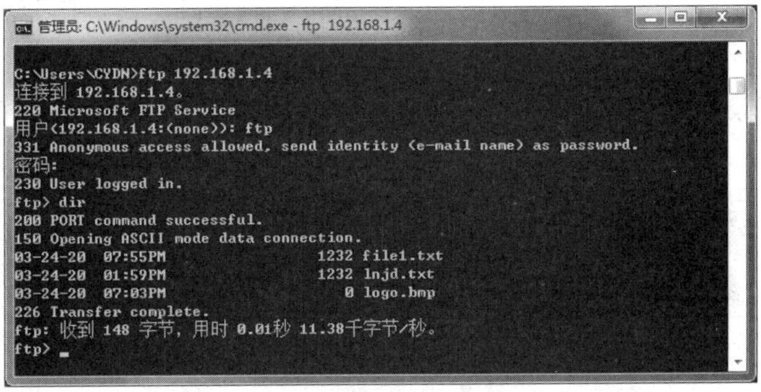

图 10-17　显示匿名 FTP 服务器目录

（3）使用 get file1.txt 命令将文件下载到客户端本地目录，如图 10-18 所示，显示文件传输成功。本地目录是 C:\Users\acer 的目录，使用!dir 命令查看本地文件，在命令前加!号表示在客户端进行操作，结果如图 10-19 所示，可以看到文件 file1.txt 显示在本地目录中。也可以使用图形化方式查看，如图 10-20 所示。

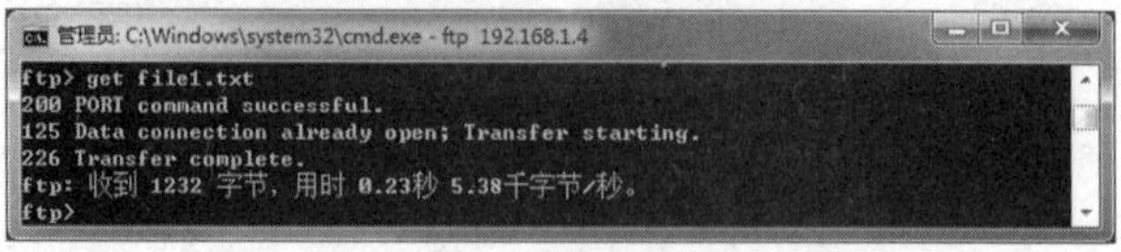

图 10-18　下载文件 data

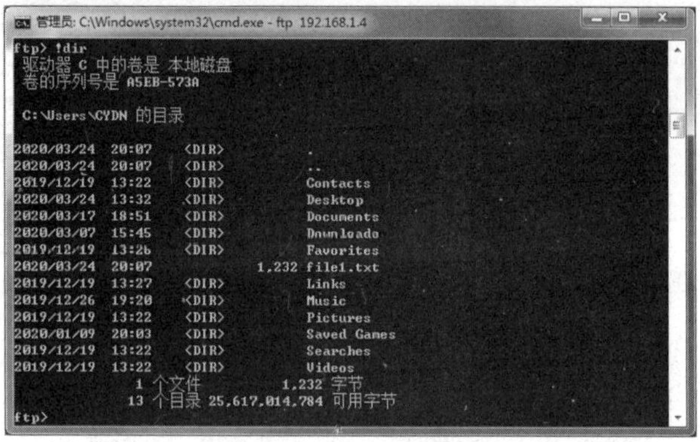

图 10-19　查看下载文件 file1.txt

图 10-20　查看下载文件 file1.txt

（4）将本地目录中的文件 data.txt 上传到 FTP 主目录中，执行 put data.txt 命令，如图 10-21 所示。

图 10-21　上传文件失败

从图中可以看出，上传文件失败，这是因为 FTP 服务器创建时，在"身份验证和授权信息"窗（见图 10-14）中只选取了"读取"权限，没有选择"写入"权限，如果需要写入文件，将"写入"权限选中，即可实现上传。上传文件成功如图 10-22 所示。

图 10-22　上传文件成功

（5）在 ftp>提示符下可以执行很多操作，可以使用 help 或者?命令进行查看。FTP 常用的命令功能如表 10-1 所示。

表 10-1　FTP 的常用子命令

类　别	命　令	功　能　说　明
连接	open	连接 FTP 服务器
	close	结束会话并返回命令解释程序
	bye	结束并退出 FTP 服务器
	quit	结束会话并退出 FTP 服务器
目录操作	pwd	查看 FTP 服务器当前目录
	cd	更改 FTP 服务器上的工作目录
	dir	显示 FTP 服务器上的目录文件和子目录列表
	mkdir	在 FTP 服务器上创建文件
	delete	删除 FTP 服务器上的文件
传输文件	get	将 FTP 服务器上的一个文件下载到本地计算机
	mget	将 FTP 服务器上的多个文件下载到本地计算机
	put	将本地计算机上的一个文件上传到 FTP 服务器
	mput	将本地计算机上的多个文件上传到 FTP 服务器
帮助	help	显示 ftp.exe 所有子命令

2. 使用浏览器访问 FTP 服务器

在 Windows 客户端，也可以利用 IE 浏览器进行连接，打开 IE 浏览器，在地址栏中输入 ftp://192.168.1.4 命令，弹出图 10-23 所示的窗口，这就是建立的 FTP 站点，显示的内容是目录 ftp 中的文件。文件的复制、移动和删除就像使用本地文件一样。

图 10-23　使用浏览器访问 FTP 站点

步骤四：创建虚拟目录

当使用 FTP 站点时，除了可以将文件存放在主目录中，也可以将它们存放到其他文件夹中，这些文件夹可以位于本地计算机的其他驱动器内，也可以位于其他计算机中，使用时只须通过"虚拟目录"映射这些文件夹即可。虚拟目录的好处是在不需要改变别名的情况下，即可随时改变其对应的文件夹。对于客户端用户来说，不需要关心访问的资源位于哪里。

创建 FTP 虚拟目录的工作也是在 IIS 管理工具中完成的，具体如下：

（1）在 IIS 管理控制树中右击需要创建虚拟目录的 FTP 站点，这里选择"公司 FTP 站点"，在弹出的快捷菜单中选择"新建"→"虚拟目录"命令，弹出"添加虚拟目录"对话框，如图 10-24 所示。

在该对话框中的"别名"文本框中指定虚拟目录别名，输入 data。别名是指虚拟目录在 IIS 管理器中的有效名称，即虚拟目录在站点主目录下映射的名称。用户在下载 FTP 文件时指定的 URL 路径中包含的目录名称就是虚拟目录别名（对于非虚拟目录，指定其实际名称即可）。别名与目录真实名称没有联系，但也可以相同。

图 10-24 "添加虚拟目录"对话框

在"物理路径"文本框中直接输入虚拟目录所对应的实际路径，这里指定路径为"C:\技术部数据"。

（2）单击"完成"按钮结束创建，回到 IIS 管理界面，在管理控制树中展开刚刚创建虚拟目录的网站，可看到新建的虚拟目录结点，如图 10-25 所示。

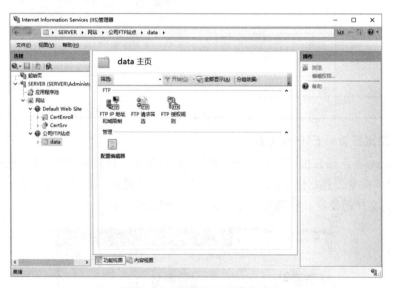

图 10-25 虚拟目录创建完成

（3）访问虚拟目录。在浏览器地址栏中输入 ftp://192.168.1.4/data 并按【Enter】键，会出现虚拟目录主目录下的文件，如图 10-26 所示。

图 10-26　访问虚拟目录

步骤五：使用域名访问 FTP 站点

为了方便用户，在互联网上访问 FTP 服务器时，并不是使用 IP 地址，而是使用比较容易记忆的域名。单元 8 已经介绍了使用域名访问 Web 站点，使用域名访问 FTP 站点的原理与操作方法完全一样，这里不再赘述，读者可自行完成，使用的域名仍然是 DNS 服务器中已经建立的区域名称 lnjd.com，主机的名称为 ftp。在 IE 地址栏中输入 ftp://ftp.lnjd.com 并按【Enter】键，弹出图 10-27 所示的网页，与输入 IP 地址的效果完全一样。

图 10-27　使用域名访问 FTP 站点

如果要访问虚拟目录的内容，则在 IE 地址栏中输入 ftp://ftp.lnjd.com/data 并按【Enter】键，弹出图 10-28 所示的网页，也与输入 IP 地址的效果完全一样。

图 10-28　使用域名访问虚拟目录

步骤六：使用一般端口访问 FTP 站点

上面介绍的 FTP 站点使用熟知端口 21，如果使用一般端口，则需要在 IE 地址栏中标明端口数值。

（1）在 IIS 管理控制台中选择"公司 FTP 站点"，在右侧"编辑网站"栏单击"绑定"按钮，弹出"网站绑定"对话框，如图 10-29 所示，单击"编辑"按钮，弹出"编辑网站绑定"对话框，将"端口"文本框中的 21 改为 2121，如图 10-30 所示。

图 10-29　"网站绑定"对话框

图 10-30　设置一般端口

（2）访问站点时，在 IE 地址栏中输入 ftp://ftp.lnjd.com:2121 并按【Enter】键，弹出图 10-31 所示的网页；访问虚拟目录时，在 IE 地址栏中输入 ftp://ftp.lnjd.com:2121/data 并按【Enter】键，弹出图 10-32 所示的页面。

图 10-31　使用一般端口访问 FTP 站点

图 10-32　使用一般端口访问虚拟目录

任务 21　为多个用户建立 FTP 站点

学习目标

- 掌握 FTP 协议的基本知识。
- 能够创建用户。

- 能够配置用户隔离方式服务器。
- 能够使不同用户访问 FTP 服务器。

任务引入

某公司网络管理员要以 Windows Server 2016 网络操作系统为平台，建设公司 FTP 服务器，公司的域名为 lnjd.com。

任务要求

（1）要求公司域名为 lnjd.com。

（2）要求公司员工使用自己的账户访问公司 FTP 站点，获取自己的资源，并且其他账户不能访问，员工账户是本地用户。

任务分析

作为公司的网络管理员，为了完成该任务，需要进行网络规划与分析，FTP 服务器的 IP 地址设置为 192.168.1.4，首先利用 Internet 信息服务管理器（IIS），使用 IP 地址 192.168.1.4 架设 FTP 服务器，为了防止普通用户通过匿名账号访问 FTP 站点，在架设 FTP 站点时肯定会限制匿名账号的访问权限，只让特定用户访问 FTP 站点下面的内容，这样的安全性比较高。

相关知识

1. 建立多个站点的方法

当为多个用户建立 FTP 站点时，一种方法是为每个用户建立一个 FTP 站点。如果只有一个 IP 地址，可以为不同的 FTP 站点设置不同的端口号，为了避免和其他网络服务使用的端口号冲突，建议使用 10 000～65 535 之间的端口号。

另外一种方法是为所有用户建立一个 FTP 站点，然后在站点下面为每一个用户建立自己的主目录。为保证每个用户主目录的安全性，可以将用户隔离，让其只能访问自己的主目录文件夹。

2. FTP 用户隔离模式

当设置 FTP 服务器用户隔离时，所有的用户根目录都在 FTP 站点主目录的二级目录结构下。因此用户无法浏览目录树的上一层，在用户的个人 FTP 目录中，可以创建、修改或删除文件和文件夹。

不隔离用户：该模式适合于只提供共享内容下载功能的站点或不需要在用户间进行数据访问保护的站点。

隔离用户：该模式在用户访问与其用户名匹配的主目录前，根据本机或域账户验证用户。每个用户均被指定和限制在自己的主目录中，不允许用户浏览自己主目录外的内容。如果需要访问特定的共享文件夹，可以再建立一个虚拟根目录。

用 Active Directory 隔离用户：当用户对象在 AD 容器内时，可以将 FTPROOT 和 FTPDIR 属性提取出来，为用户主目录提供完整路径。如果 FTPROOT 或 FTPDIR 属性不存在，或它们无法共同构成有效可访问的路径，用户将无法访问。

 **任务实施**

步骤一：为公司职员创建账户

为了能成功访问 FTP 服务器，用户必须凭事先创建好的账号才能登录 FTP 站点。为公司职员创建本地账户"张峰"。

选择"服务器管理器"窗口中的"工具"→"计算机管理"→"本地用户和组"→"用户"命令，创建一个本地账户，用户名为 zf，全名为"张峰"。使用同样的方法可以为需要访问 FTP 站点的所有用户都创建一个账号信息，如图 10-33 所示。

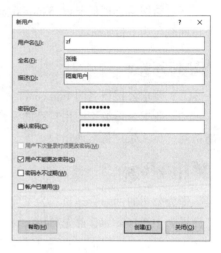

图 10-33　建立用户 zf

步骤二：创建 FTP 主目录

在服务器系统的本地硬盘中创建好 FTP 站点的主目录，以及各个用户账号所对应的用户账号，以便确保每一个用户日后只能访问自己的目录，而没有权利访问其他用户的目录。

为了让架设好的 FTP 站点具有用户隔离功能，必须按照一定的规则设置好该站点的主目录以及用户目录。首先需要在 NTFS 格式的磁盘分区中建立一个文件夹，例如该文件夹名称为 GLFTP，并把该文件夹作为待建 FTP 站点的主目录。

接着进入 GLFTP 文件夹窗口，并在该文件夹中创建一个子文件夹，同时必须将该子文件夹名称设置为 LocalUser（该子文件夹名称不能随意设置），再打开 LocalUser 子文件夹窗口，然后在该窗口中依次创建好与每个用户账号名称相同的个人文件夹，为用户 zf 创建一个 zf 文件夹（如果用户账号名称与用户目录名称不一样，以后用户就无法访问到自己目录中的内容），并在文件夹 zf 中创建文件 zhangfeng.txt，如图 10-34 所示。

图 10-34　建立隔离 FTP 目录

步骤三：架设隔离 FTP 站点

此步骤与任务 20 创建 FTP 站点步骤相似，在 IIS 管理控制台右侧单击"操作"栏下方的"添加 FTP 站点"按钮，弹出"添加 FTP 站点"对话框，在"FTP 站点名称"文本框中输入公司 FTP 站点名称为"公司隔离 FTP 站点"，"物理路径"选择 C:\GLFTP，如图 10-35 所示。

图 10-35　"添加 FTP 站点"对话框

（1）单击"下一步"按钮，弹出"绑定和 SSL 设置"窗口，指定该站点使用的 IP 地址和 TCP 端口号，注意默认的端口号为 21，IP 地址使用本机 IP 地址，即把本机设置为 FTP 服务器，因为此站点没有 SSL 证书，选择"无 SSL"选项，如图 10-36 所示。

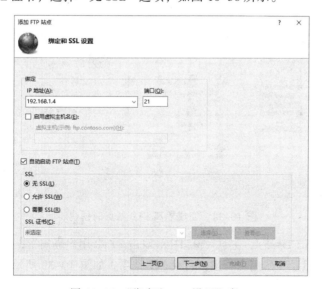

图 10-36　"绑定和 SSL 设置"窗口

（2）单击"下一步"按钮，弹出"身份验证和授权信息"窗口，"身份验证"选择了"匿名"和"基本"两种方式；"允许访问"选择了"所有用户"，表示此 FTP 站点允许所有用户访问；"权限"选择"读取"和"写入"，如图 10-37 所示。

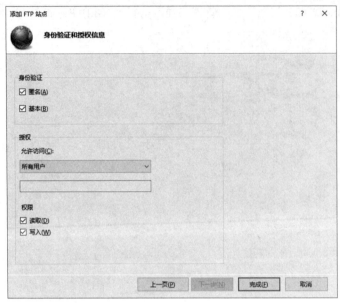

图 10-37 "身份验证和授权信息"窗口

（3）单击"完成"按钮，回到 IIS 管理控制台窗口，在"网站"下方出现了新建的 FTP 站点，名称为"公司隔离 FTP 站点"， 如图 10-38 所示。

图 10-38 完成隔离 FTP 站点的创建

（4）在"公司隔离 FTP 站点 主页"窗口中，双击"FTP 用户隔离"，弹出"FTP 用户隔离"窗口，选择"用户名目录（禁用全局虚拟目录）"选项，如图 10-39 所示，单击"操作"栏中的"应用"按钮完成创建。

图 10-39　"FTP 用户隔离"对话框

步骤四：访问 FTP 站点

1）使用命令方式访问隔离 FTP 站点

在"命令提示符"中输入 ftp 192.168.1.4 并按【Enter】键，输入用户名 zf 和密码，成功登录到 FTP 服务器，使用 dir 命令查看当前文件，有 zhangfeng.txt 文件，说明在用户 zf 主目录中，再使用 get zhangfeng.txt 命令成功下载该文件，如图 10-40 所示。

图 10-40　访问隔离 FTP 站点

使用 put mark.txt 命令上传一个文件，再使用 dir 命令查看，在主目录中除了 zhangfeng.txt 文件，又增加了 mark.txt 文件，如图 10-41 所示，说明用户 zf 只能在自己的主目录中进行操作，增加了安全性。

2）使用浏览器方式访问隔离 FTP 站点

在 IE 浏览器的地址栏中输入 FTP 服务器的 IP 地址，即 ftp://192.168.1.4 或者域名 ftp://ftp.lnjd.com 并按【Enter】键，弹出图 10-42 所示的对话框。

输入指定的用户名 zf 和密码，就可以访问文件夹 C:\GLFTP\LocalUser\zf 中的内容，而不能访问其他用户的内容，如图 10-43 所示。

图 10-41　上传文件

图 10-42　登录身份验证

图 10-43　使用隔离用户访问 FTP 站点

　　从局域网的另外一台工作站中,以账号 zf 登录进刚刚创建好的 FTP 站点,然后在对应目录中重新创建一个文件。为了检验刚刚创建的文档是否保存在 zf 子文件夹中,可以登录 Windows Server 2016 服务器,检查 LocalUser 文件夹中的 zf 子目录,查看其中是否有自己创建的文件,如果有,则说明具有用户隔离功能的 FTP 站点已经架设成功。

任务 22　管理 FTP 站点

学习目标

- 理解 FTP 服务器管理的功能。
- 能够管理 FTP 服务器。

任务引入

某公司网络管理员已经配置了 FTP 服务器，现在为了保证 FTP 服务器的安全，要对 FTP 服务器进行管理，要求以 Windows Server 2016 网络操作系统为平台。

任务要求

（1）管理 FTP 站点基本属性。

（2）管理 FTP 站点安全。

（3）管理 FTP 信息。

任务分析

作为网络管理员，应该具备熟练管理 FTP 服务器的能力，本任务要通过 FTP 站点主页的"公司隔离 FTP 站点 主页""FTP IP 地址和域限制""FTP 当前回话""FTP 目录浏览""FTP 日志""FTP 身份验证"和"FTP 授权访问"等功能对 FTP 站点进行管理。

相关知识

1. FTP 服务器管理

为了使 FTP 站点能够正常工作，还必须对 FTP 站点进行合理配置。本任务将介绍有关 FTP 站点的管理内容。

2. FTP 服务器管理的具体内容

FTP 站点建立后，管理员要进行维护和管理，如更改 IP 地址和端口号、更改 FTP 服务器的主目录及安全信息、设置欢迎词等，对这些属性进行合理设置，能够更方便和有效地管理站点。

任务实施

步骤一：管理 FTP 站点基本属性

在 IIS 管理器中，选择 Default Web Site 站点，在图 10-38 所示的"公司隔离 FTP 站点 主页"窗口中，可以对 FTP 站点进行管理。在右侧的"操作"栏中，可以对 Web 站点进行相关的操作。

1. 管理 IP 地址和端口

（1）单击"操作"栏中的"绑定"按钮，弹出"网站绑定"对话框，如图 10-44 所示，可以看到本 FTP 站点与 IP 地址 192.168.1.4 绑定。

（2）单击"编辑"按钮，弹出"编辑网站绑定"对话框，如图 10-45 所示。在"类型"文本框中显示的协议是 ftp，在"IP 地址"下拉列表中可以为该站点选择一个 IP 地址，该 IP 地址必须是在"网络连接"中配置给当前计算机（网卡）的 IP 地址。由于 Windows Server 2016 可安装多块网卡，并且每块网卡可绑定多个 IP 地址，因此服务器可以拥有多个 IP 地址。如果这里不分配 IP 地址，即选择"全部未分配"选项，该站点将响应所有未分配给其他站点的 IP 地址，

扫一扫

任务22
管理 FTP 站点

即以该计算机默认站点的身份出现。当用户向该计算机的一个 IP 地址发出连接请求时，如果该 IP 地址没有被分配给其他站点，将自动打开这个默认站点。在"端口"文本框中默认的端口号是 21，也可以设置其他任意一个唯一的 TCP 端口，这时须以 IP：TCP Port 的格式访问，否则将无法连接到该站点。

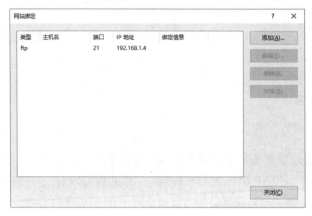

图 10-44　"网站绑定"对话框

2. 管理主目录

主目录即 FTP 站点的主目录，单击"操作"栏中的"基本设置"按钮，弹出"编辑网站"对话框，如图 10-46 所示，在"物理路径"文本框中显示的就是站点的主目录，可以单击浏览按钮进行修改。

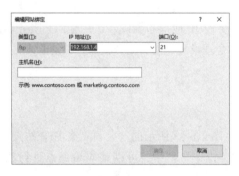

图 10-45　"编辑网站绑定"对话框

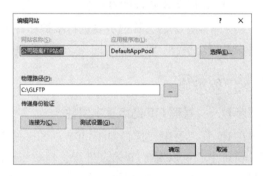

图 10-46　"编辑网站"对话框

3. 管理 FTP 站点

右侧"操作"栏中有"管理 FTP 站点"栏，包括"重新启动""启动"和"停止"按钮，可以停止、启动和重新启动 FTP 站点。如果两个站点同时使用相同的端口，就应该利用"停止"按钮停止一个网站，需要时再利用"启动"按钮启动，如果改动了 FTP 站点，却没有立即生效，可以利用"重新启动"按钮重启服务。

4. 管理 FTP 日志

双击 FTP 站点目录的"FTP 日志"图标，在弹出的"FTP 日志"窗口中可对文件日志目录、日志文件滚动更新情况等进行设置，如图 10-47 所示。"FTP 日志"是用来设置将所有登录到此 FTP 站点的记录都存储到指定的文件中的应用程序，并以文件形式监视网站使用情况。日志包括的信息有哪些用户访问了 FTP 站点、访问者查看了什么内容以及最后一次查看该信息的时间。

图 10-47　"FTP 日志"窗口

5．当前会话

双击 FTP 站点目录的"FTP 当前会话"图标，弹出"FTP 当前会话"窗口，如图 10-48 所示，列出了当前连接到 FTP 站点的用户列表。"FTP 当前会话"窗口为站点管理员提供了更灵活的管理方式和控制方式，使管理能够实时控制当前用户的连接状态。

图 10-48　"FTP 当前会话"窗口

6．目录列表样式

双击 FTP 站点目录的"FTP 目录浏览"图标，弹出"FTP 目录浏览"窗口，如图 10-49 所示，在"目录列表样式"选项栏中可以指定目录列表样式。可选的站点目录列表样式有 MS-DOS 和 UNIX 两种。按照字面理解，这两种风格分别适用于 DOS/Windows 用户和 UNIX 用户，但也不是绝对的，只能说某种风格可能会令相应操作系统的用户看起来更舒服一些，其中对 UNIX/Linux 用户的影响更大。所以，在 UNIX/Linux 用户群的站点应设置为 UNIX 列表样式。

图 10-49　"FTP 目录浏览"窗口

步骤二：管理 FTP 站点安全

1．IP 地址及域名限制

有些 FTP 站点由于使用范围的限制，或者出于安全性考虑，可能需要向特定用户公开，而不是向所有用户公开。此时，就需要 IP 地址限制。

（1）在 IIS 管理器中，选择"公司隔离 FTP 站点"主页，双击"FTP IP 地址和域限制"，弹出"FTP IP 地址和域限制"窗口，如图 10-50 所示，在右侧窗口中可以执行"添加允许条目"和"添加拒绝条目"等操作。

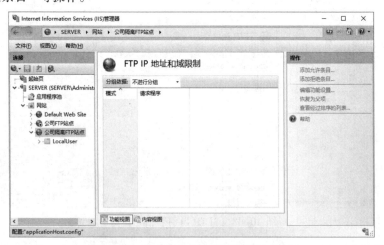

图 10-50　"FTP IP 地址和域限制"窗口

（2）单击"添加拒绝条目"按钮，弹出图 10-51 所示的对话框，拒绝客户机 192.168.1.100 访问

公司隔离 FTP 站点，在"特定 IP 地址"文本框中输入
IP 地址 192.168.1.100，表示拒绝 192.168.1.100 访问服
务器。

各选项的说明如下：

① 特定 IP 地址。当想要授权访问的计算机的 IP
地址不连续时，可使用该方式逐一添加。在"IP 地址"
文本框中输入想要授予访问权限的计算机的 IP 地址，
并单击"确定"按钮。

② IP 地址范围。当想要授予某一连续 IP 地址段的
多台计算机的访问权限时，可使用该方式同时添加多台
计算机。当局域网拥有多个 IP 子网时，由于子网中的

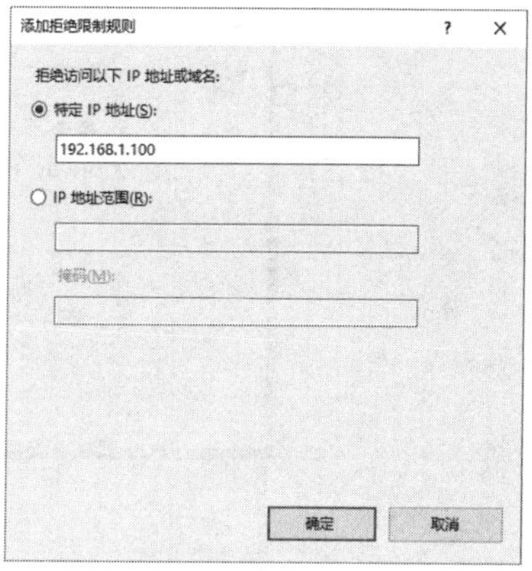

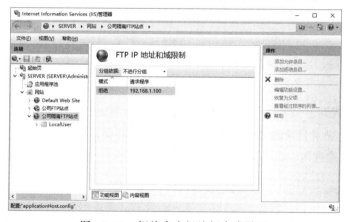

图 10-51　拒绝 192.168.1.100 访问服务器

所有计算机有相同的子网标识和自己的主机标识，因此，可通过指定网络标识和子网掩码的方
式选择一组计算机。例如，如果主机拥有 IP 地址 192.168.0.1 和子网掩码 255.255.255.0，那么子
网中的所有计算机将拥有以 192.168.0 开头的 IP 地址。要选择子网中的所有计算机，可在"网
络标识"文本框中输入 192.168.0.1，在"子网掩码"文本框中输入 255.255.255.0。

（3）单击"确定"按钮，添加了拒绝客户机访问，如图 10-52 所示。

图 10-52　拒绝客户机访问完成界面

（4）在客户机浏览器地址栏中输入 ftp://192.168.1.4 并按【Enter】键访问 FTP 站点，输入用
户名 zf 和密码，总是不断提示输入，不能访问 FTP 站点，说明该客户机被拒绝访问，如图 10-53
所示。

（5）将"IP 地址和域限制"窗口的拒绝条目删除，再在客户端重新访问，又能正常访问，
说明拒绝访问生效。

2．FTP 身份验证

FTP 站点提供了用户名验证和权限设置功能，双击 FTP 站点目录中的"FTP 身份验证"图
标，在"FTP 身份验证"窗口中可以启用或禁用"基本身份验证"和"匿名身份验证"，如
图 10-54 所示。

图 10-53　访问被拒绝提示

图 10-54　"FTP 身份验证"窗口

3．FTP 授权规则

（1）双击 FTP 站点目录的"FTP 授权规则"图标，在弹出的"FTP 授权规则"窗口中可以添加允许规则和拒绝规则，如图 10-55 所示。

图 10-55　"FTP 授权规则"窗口

（2）单击"添加拒绝条目"按钮，弹出图 10-56 所示的对话框，拒绝用户 zf 访问 FTP 服务器，在"指定的用户"文本框中输入用户名 zf，表示拒绝 zf 访问 FTP 服务器。

（3）单击"确定"按钮，添加了拒绝规则后，在客户端进行验证。在客户机命令提示符中输入 ftp 192.168.1.4 并按【Enter】键连接 FTP 站点，输入用户名 zf 和密码，出现访问被拒绝提示，如图 10-57 所示，说明拒绝规则生效。

图 10-56 "添加拒绝授权规则"对话框

图 10-57 验证规则对话框

步骤三：管理 FTP 信息

（1）在 IIS 管理器中，选择"公司隔离 FTP 站点"主页，双击"FTP 消息"，弹出"FTP 消息"窗口，如图 10-58 所示。

图 10-58 "FTP 消息"窗口

FTP 站点消息分为 4 种：横幅、欢迎使用、退出、最大连接数。具体说明如下：

① 横幅。当用户连接 FTP 站点时，横幅文本框中设置的信息将会首先被看到。

② 欢迎使用。用于向每一个连接到当前站点的访问者介绍本站点提供的服务、文件内容、访问方式等有关信息。它们有助于访问者更好地了解站点提供的内容，弥补 FTP 服务的信息断层。

③ 退出。用于在客户断开连接时（退出系统）发送给站点访问者的信息，一般为"再见，欢迎再来"等。

④ 最大连接数。用于在系统同时连接数已经达到上限（最大并发连接限制）时，向请求连接站点的新访问者发出的提示消息，如"由于当前用户太多，不能响应你的请求，请稍候再试"等。

（2）使用客户机进行测试。在客户端连接 FTP 服务器，如图 10-59 所示，连接到 FTP 站点时，出现消息 Welcome；使用用户 zf 登录后，看到消息 Welcome to FTP Site；退出 FTP 站点时，提示 Bye，说明消息设置成功。

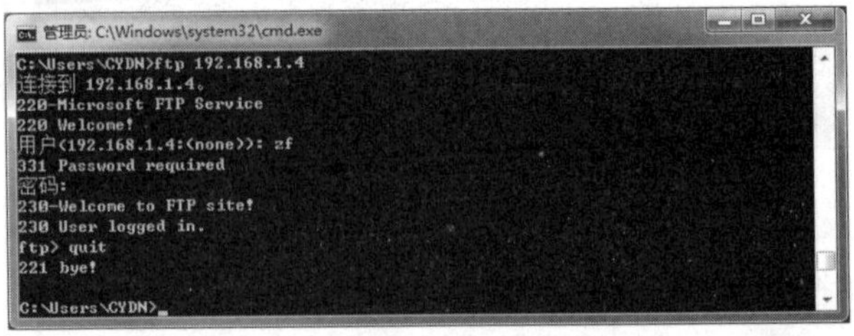

图 10-59　测试 FTP 消息

技 能 训 练

1．训练目的

（1）掌握 FTP 服务器的基本知识。

（2）能够配置 FTP 服务器。

（3）能够进行客户端验证。

2．训练环境

（1）Windows Server 2016 系统的计算机。

（2）Windows 系统的客户机。

（3）查看网卡的 IP 地址是否设置正确，检测服务器和 Windows 客户机是否连通，查看 FTP 服务程序是否安装，查看防火墙是否允许 FTP 服务。

3．训练内容

（1）规划 FTP 服务器资源和访问资源的用户权限，并画出网络拓扑图。

（2）配置 FTP 服务器。

① 启动 FTP 服务。

② 实现匿名用户下载文件。

③　实现匿名用户上传文件。

④　实现本地用户下载文件。

⑤　实现本地用户上传文件。

⑥　设置欢迎词。

⑦　拒绝某些计算机访问 FTP 服务器。

（3）在客户端进行上传和下载。在客户端分别使用浏览器和命令方式访问 FTP 服务器。

4．训练要求

实训分组进行，可以 2 人一组，小组讨论，确定方案后进行讲解，教师给予指导，全体学生参与评价，方案实施过程中，一个计算机作为 FTP 服务器，另一个计算机作为客户机，要轮流进行角色转换。

5．实训总结

完成实训报告，总结项目实施中出现的问题。

单元 11 | 管理 Windows Server 2016 防火墙

本单元设置 2 个任务，任务 23 介绍了利用防火墙基本功能保护网站安全，利用高级安全 Windows 防火墙创建入站规则和出站规则，对网络数据包进行控制，保证服务器安全。任务 24 介绍了使用本地安全策略保护服务器安全。

任务 23 配置 Windows Server 2016 防火墙

学习目标

- 了解防火墙功能。
- 能够配置入站规则。
- 能够配置出站规则。

任务引入

某公司网络管理员以 Windows Server 2016 网络操作系统为平台，架设公司的防火墙，保护公司网络安全，服务器 IP 地址是 192.168.1.4，客户机的 IP 地址是 192.168.1.100，公司的网络拓扑图如图 11-1 所示。

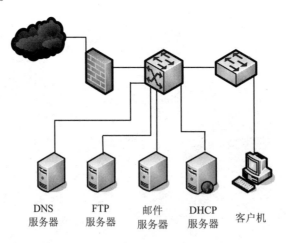

| DNS 服务器 | FTP 服务器 | 邮件 服务器 | DHCP 服务器 | 客户机 |

图 11-1　公司局域网

🕰️ 任务要求

（1）利用防火墙允许应用功能，保护 Web 服务器安全。

（2）禁止客户机 192.168.1.100 访问 Web 服务器。

（3）允许客户机 192.168.1.100 能 ping 通服务器。

（4）禁止服务器访问互联网上的网页。

✋ 任务分析

作为公司的网络管理员，为了完成该任务，首先利用 Windows 防火墙的"允许应用或功能通过 Windows 防火墙"功能，禁止客户机访问 Web 服务器，保护 Web 服务器安全；然后利用高级防火墙功能，创建入站规则，实现禁止客户机 192.168.1.100 访问 Web 服务器和允许客户机 192.168.1.100 ping 通服务器，并进行验证；最后创建出站规则，禁止服务器访问互联网上的网页。

🦌 相关知识

防火墙是指隔离在本地网络与外界网络之间的一道防御系统，是此类防范措施的总称。可以使用硬件设备实现，也可以基于主机实现防火墙功能。高级安全 Windows 防火墙结合了基于主机的防火墙和兼容 Internet 工程任务组（IETF）的 Internet 协议安全性（IPSec）实现。作为基于主机的防火墙，针对可能通过外围网络防火墙或源于组织内部的网络攻击提供本地保护。

1. 网络位置概述

防火墙将网络位置分为 3 类，分别是专用网络、公用网络和域网络，防火墙可以针对不同的网络位置设置规则。

（1）公用网络。默认情况下，第一次连接时，会为任何新的网络分配公用网络位置类型。公用网络被视为与全世界共享，在本地计算机和其他任何计算机之间不存在保护，因此，与公用配置文件关联的防火墙规则限制程度最高。当用户在公共场合使用 Wi-Fi 连接网络时，就属于公用网络，安全性最低。

（2）专用网络。本地管理员可以为公众不能直接访问的网络连接手动选择专用网络位置类型。通过使用防火墙设备或执行网络地址转换（NAT）的设备，能够与可公开访问网络隔离的家庭或办公网络建立连接。分配了专用网络位置类型的无线网络应通过使用加密协议［例如 Wi-Fi 安全访问（WPA）或 WPAv2］进行保护。系统从未将专用网络位置类型自动分配给网络，它必须由管理员分配。Windows 会记住该网络，并在下次连接到此网络时，自动将专用网络位置类型再次分配给网络。由于保护级别更高并且与 Internet 隔离，专用配置文件防火墙规则通常比公用配置文件规则允许更多的网络活动。

（3）域网络。当本地计算机是 ActiveDirectory 域的成员，并且它可以借由其中一个网络连接通过该域所属的域控制器身份验证时，可以检测到域网络位置类型。如果满足这些条件，则自动分配域网络位置类型。管理员无法手动分配此网络位置类型。由于安全级别更高并且与 Internet 隔离，域配置文件防火墙规则通常比专用配置文件规则或公用配置文件规则允许更多的网络活动。

高级安全 Windows 防火墙将其设置和规则存储在配置文件中，并支持每个网络位置类型对应一个配置文件。与当前检测到的网络位置类型关联的配置文件是应用于该计算机的配置文件。如果分配给网络的网络位置类型更改，则会自动应用与新的网络位置类型关联的配置文件中的规则。

当计算机连接有多个网络适配器时，可以连接到不同类型的网络。运行 Windows 8 和 Windows Server 2016 的计算机支持不同的网络位置类型，因此，同时也支持每个网络适配器的配置文件。各网络适配器都分配有适合其连接的网络的网络位置。Windows 防火墙仅执行那些适于该网络类型的配置文件的规则。因此，来自与公用网络相连接的网络适配器的某些类型的流量会被阻止，而来自专用网络或域网络的相同类型的流量可能会允许通过。

2．主机防火墙工作原理

高级安全 Windows 防火墙包含基于主机的防火墙组件，该组件是本地计算机的保护性边界，监视和限制经过计算机及其连到的网络或 Internet 间的信息。它提供了一条重要的防线，以防有人可能尝试在不经允许的情况下访问计算机。

在 Windows Server 2016 中，默认情况下，高级安全 Windows 防火墙中的主机防火墙处于打开状态，会阻止未经请求的入站网络流量，并允许所有出站流量。如果计算机托管的某个服务或程序必须能够接收未经请求的入站网络流量，可以创建允许特定入站连接的规则，若要控制出站网络流量，可以创建出站阻止规则，防止不需要的网络流量发送到网络。也可以将默认的出站行为配置为阻止所有流量，然后创建出站允许规则，仅允许在规则中配置的流量。

网络流量由一台计算机上的源端口向其他计算机上的目标端口发送的数据包或数据包流组成。端口仅是网络数据包中的一个整数值，它在连接的发送端或接收端上标识程序。通常，一次只有一个程序侦听一个端口。若要侦听端口，程序将向操作系统注册程序本身和它必须侦听的端口号。数据包到达本地计算机时，操作系统检查目标端口号，然后向已注册的程序提供数据包的内容以便使用该端口。使用 TCP/IP 协议时，计算机可以接收通过使用特定的传输协议（例如 TCP 或 UDP）以及从 1 到 65 535 的任一端口编号送到的网络流量。许多较低的编号端口已保留用于已知服务，常用端口与服务的对应关系如表 11-1 所示。

表 11-1　常用服务端口号

服 务 名 称	端　口　号	使用的传输层协议	说　　　明
FTP	21	TCP	FTP 服务器所开放的控制端口
TELNET	23	TCP	用于远程登录
SMTP	25	TCP	SMTP 服务器开放的端口，用于发送邮件
HTTP	80	TCP	超文本传输协议
POP3	110	TCP	用于邮件的接收
DNS	53	UDP	域名服务
TFTP	69	UDP	简单文件传输协议
RFC	111	UDP	远程过程调用
NTP	123	UDP	网络时间协议

高级安全 Windows 防火墙的工作过程是：检查源地址和目标地址、源和目标端口以及数据包的协议号，然后将它们与管理员所定义的规则进行比较。当规则与网络数据包匹配时，则执行规则中指定的操作（允许或阻止数据包）。通过高级安全 Windows 防火墙，还可以根据网络数据包是否受 IPSec 身份验证或加密的保护来允许或阻止这些网络数据包。

任务实施

步骤一：利用防火墙允许应用功能，保护 Web 服务器安全

首先在服务器上利用 IIS 架设网站，防火墙允许访问 Web 服务器，在客户机成功访问网站，然后防火墙禁止客户机访问 Web 服务器，即客户机不能访问该网站，说明防火墙禁止功能生效。

1．架设网站

在服务器 192.168.1.4 上利用 IIS 架设网站，参照单元八中的任务 17 在客户机上成功访问该网站，如图 11-2 所示。

扫一扫
任务23
配置 Windows
Server 2016 防
火墙

图 11-2   成功访问网站

2．设置防火墙，禁止访问 Web 站点

（1）在桌面上或者在任务栏上的"库"中右击，选择"网络"→"属性"命令，弹出"网络和共享中心"窗口，如图 11-3 所示。

图 11-3   "网络和共享中心"窗口

（2）在左下角有"Windows 防火墙"超链接，单击打开"Windows 防火墙"窗口，如图 11-4 所示。或者直接在"运行"对话框中输入 firewall.cpl 命令，也可以打开"Windows 防火墙"窗口。在该窗口中，可以对专用网络和公用网络进行防火墙设置，可以利用"启动或关闭 Windows 防火墙"开启或者关闭防火墙，也可以打开高级设置。Windows Server 2016 默认防火墙是开启的。

图 11-4　"Windows 防火墙"窗口

（3）单击"允许应用或功能通过 Windows 防火墙"按钮，可以设置应用是否允许通过防火墙，如图 11-5 所示，可以看到"万维网服务（HTTP）"后的复选框是选中的，说明允许客户机访问网站。

图 11-5　"允许的应用"对话框

（4）取消选择"万维网服务（HTTP）"复选框，如图 11-6 所示，禁止客户机访问网站。

图 11-6　禁止客户机访问网站

3．客户机验证

在客户机浏览器地址栏中输入 http://192.168.1.4 并按【Enter】键，再次访问该网站，访问失败，如图 11-7 所示，说明防火墙禁止访问成功。

图 11-7　访问网站失败

步骤二：禁止客户机 192.168.1.100 访问 Web 服务器

在步骤一中禁止访问网站后，所有的客户机都不能访问网站。如果在网络中，有某些客户机需要访问网站，还有一些客户机需要禁止访问网站，这需要使用高级安全 Windows 防火墙，创建入站规则。

1．客户机访问网站

将步骤一设置的禁止规则取消，客户机 192.168.1.100 能成功访问网站，访问结果如图 11-2 所示。

2．创建入站规则

（1）在图 11-4 中单击"高级设置"超链接，弹出"高级安全 Windows 防火墙"窗口，如图 11-8 所示。或者在"运行"对话框中输入 wf.msc 命令，也可打开该窗口。

图 11-8　"高级安全 Windows 防火墙"窗口

（2）右击"入站规则"，选择"新建规则"命令，弹出"新建入站规则向导"对话框，如图 11-9 所示，选择"自定义"单选按钮，创建新的规则。

（3）单击"下一步"按钮，弹出"程序"窗口，如图 11-10 所示，选中"所有程序"单选按钮。

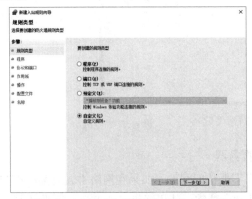

图 11-9　"新建入站规则向导"对话框

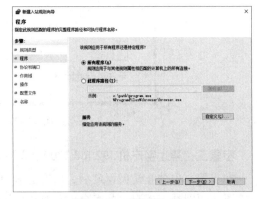

图 11-10　"程序"窗口

（4）单击"下一步"按钮，弹出"协议和端口"窗口，如图 11-11 所示，在"协议类型"下拉列表中选择"TCP"协议，在"本地端口"下拉列表中选择"特定端口"，然后在下方的文本框中输入端口号 80，因为访问网站使用 HTTP 协议，HTTP 协议使用传输层 TCP 协议、80端口。

（5）单击"下一步"按钮，弹出"作用域"窗口，在"此规则应用于哪些远程 IP 地址"下方选择"下列 IP 地址"，单击"添加"按钮，弹出"IP 地址"对话框，输入拒绝访问的客户机IP 地址 192.168.1.100，如图 11-12 所示，单击"确定"按钮后如图 11-13 所示。

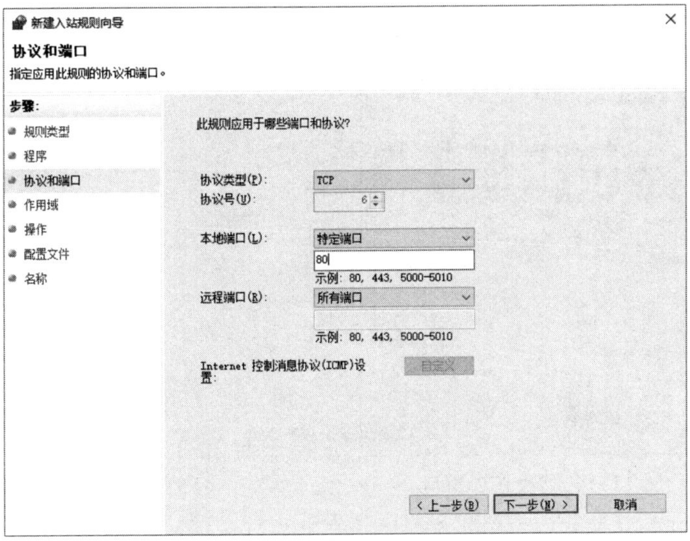

图 11-11 "协议和端口"窗口

图 11-12 "IP 地址"对话框

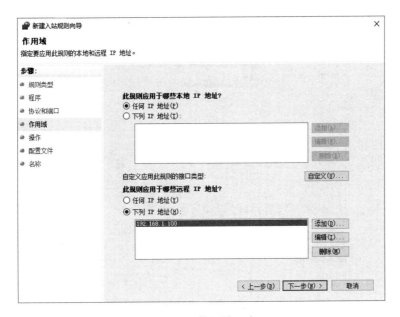

图 11-13 "作用域"窗口

（6）单击"下一步"按钮，弹出"操作"窗口，如图 11-14 所示，选中"阻止连接"单选按钮。

（7）单击"下一步"按钮，弹出"配置文件"窗口，如图 11-15 所示，保持默认设置。

（8）单击"下一步"按钮，弹出"名称"窗口，如图 11-16 所示，为该入站规则指定名称为 deny192.168.1.100-web，该名称可以任意指定，但为了管理员管理方便，最好指定有实际意义的名称。

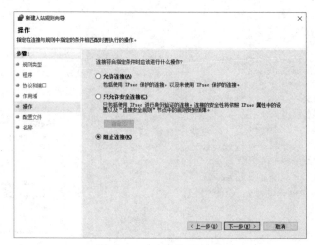

图 11-14　"操作"窗口

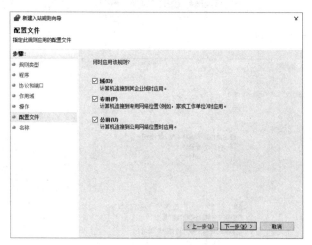

图 11-15　"配置文件"窗口

图 11-16　"名称"窗口

（9）单击"完成"按钮，完成规则创建，如图 11-17 所示。

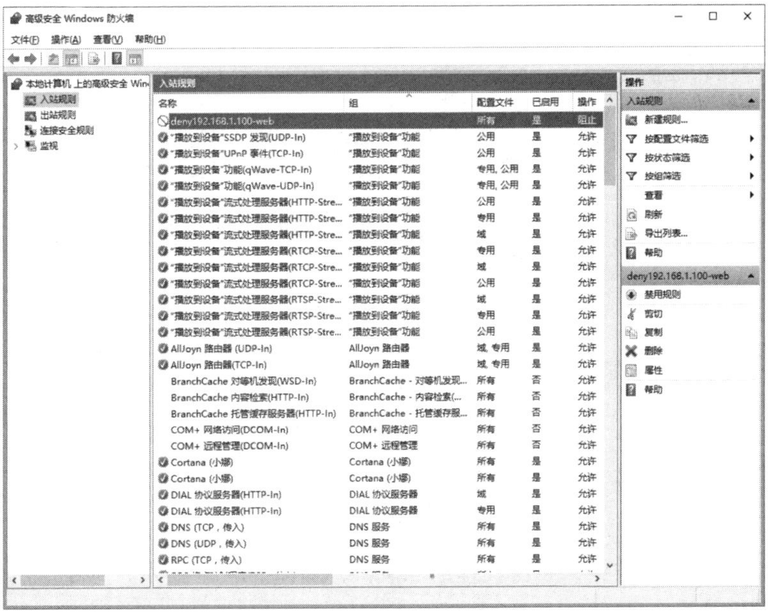

图 11-17 完成入站规则

3. 客户机验证

在客户机 192.168.1.100 访问网站失败，再利用其他客户机进行访问，仍能成功访问网站，说明拒绝访问规则生效。

步骤三：允许客户机 192.168.1.100 ping 通服务器

1. 客户机 ping 服务器

Windows Server 2016 防火墙为了保证服务器安全，默认禁止客户机 ping，在客户机 192.168.1.100 上 ping 服务器 192.168.1.4，不通，如图 11-18 所示。

图 11-18 ping 不通服务器

2. 创建入站规则

（1）在"Windows 防火墙"窗口中单击"高级设置"超链接，弹出"高级安全 Windows 防火墙"窗口，右击"入站规则"，选择"新建规则"命令，弹出"新建入站规则向导"对话框，如图 11-19 所示，选择"自定义"，创建新的规则。

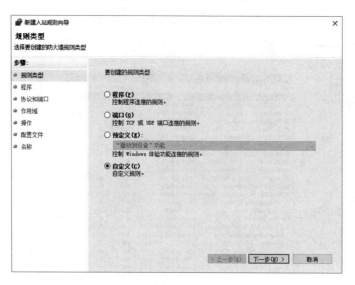

图 11-19 "新建入站规则向导"对话框

（2）单击"下一步"按钮，弹出"程序"窗口，如图 11-20 所示，选中"所有程序"单选按钮。

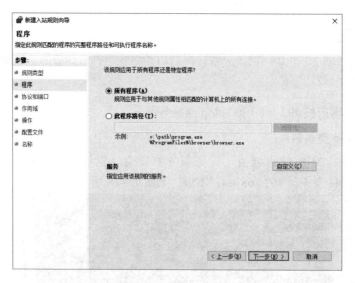

图 11-20 "程序"窗口

（3）单击"下一步"按钮，弹出"协议和端口"窗口，如图 11-21 所示，在"协议类型"下拉列表中选择"ICMPv4"协议。

（4）单击"下一步"按钮，弹出"作用域"对话框，在"此规则应用于哪些远程 IP 地址"下方选择"下列 IP 地址"，单击"添加"按钮，弹出"IP 地址"对话框，输入允许 ping 操作的客户机 IP 地址 192.168.1.100，如图 11-22 所示，单击"确定"按钮后如图 11-23 所示。

图 11-21　"协议和端口"窗口　　　　　　图 11-22　"IP 地址"对话框

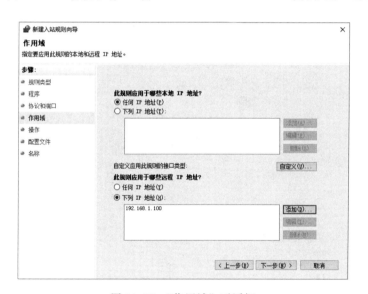

图 11-23　"作用域"对话框

（5）单击"下一步"按钮，弹出"操作"窗口，如图 11-24 所示，选中"允许连接"单选按钮。

（6）单击"下一步"按钮，弹出"配置文件"窗口，如图 11-25 所示，保持默认设置。

（7）单击"下一步"按钮，弹出"名称"窗口，如图 11-26 所示，为该入站规则指定名称为 permit192.168.1.100-ping。

（8）单击"完成"按钮，完成规则创建，如图 11-27 所示。

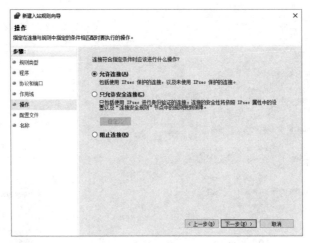

图 11-24　"操作"窗口

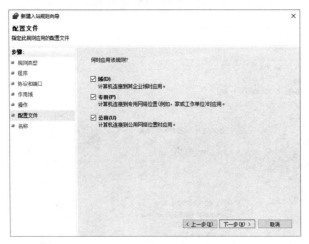

图 11-25　"配置文件"窗口

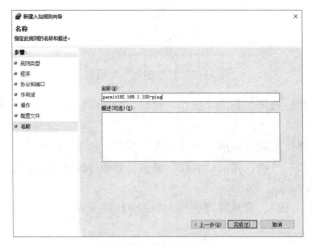

图 11-26　"名称"窗口

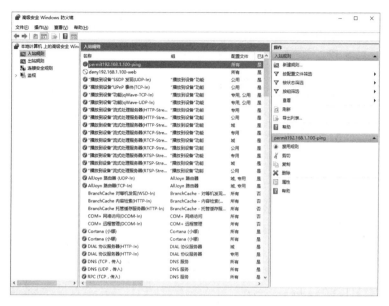

图 11-27　完成入站规则

3．客户机验证

在客户机 192.168.1.100 上 ping 服务器成功，如图 11-28 所示，再利用其他客户机 ping 服务器，仍旧 ping 不通，说明规则生效。

图 11-28　ping 通服务器

步骤四：禁止服务器访问互联网上的网页

如果要禁止服务器访问互联网上的网页，需要设置出站规则。

（1）打开"高级安全 Windows 防火墙"窗口，右击"出站规则"，选择"新建规则"命令，弹出"新建出站规则向导"对话框，如图 11-29 所示，选中"程序"单选按钮，创建新的规则。

（2）单击"下一步"按钮，弹出"程序"窗口，如图 11-30 所示，在"此程序路径"文本框中输入 IE 浏览器的路径，C:\Program Files\Internet Explorer\iexplorer.exe。

（3）单击"下一步"按钮，弹出"操作"窗口，如图 11-31 所示，选中"阻止连接"单选按钮。

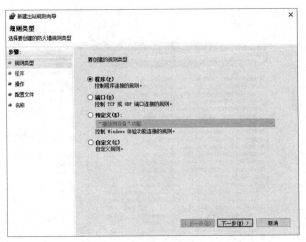

图 11-29　"新建出站规则向导"对话框

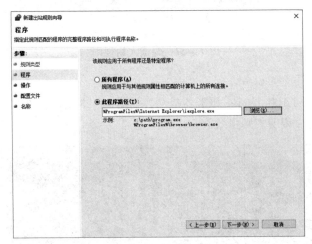

图 11-30　"程序"窗口

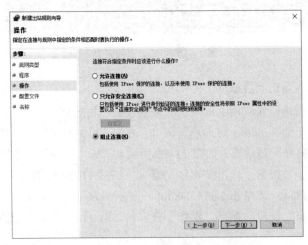

图 11-31　"操作"窗口

（4）单击"下一步"按钮，弹出"配置文件"窗口，如图 11-32 所示，保持默认设置。

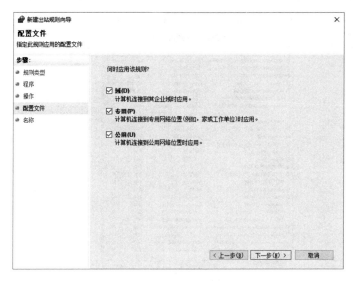

图 11-32   "配置文件"窗口

（5）单击"下一步"按钮，弹出"名称"窗口，如图 11-33 所示，为该出站规则指定名称为 denyIE-192.168.1.4。

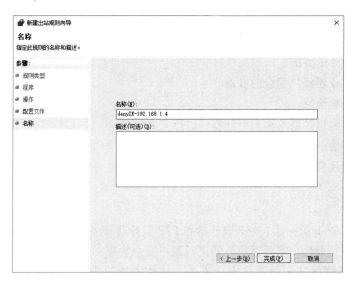

图 11-33   "名称"窗口

（6）单击"完成"按钮，完成规则创建，如图 11-34 所示。

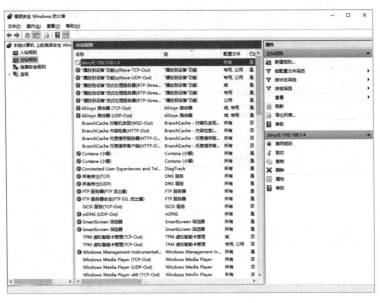

图 11-34　完成出站规则

任务 24　管理服务器安全

学习目标

- 了解本地安全策略的作用。
- 掌握关闭服务的方法。
- 掌握管理服务器账户安全的方法。
- 能够设置审核策略。
- 能够使用本地组策略编辑器对计算机进行安全配置。
- 能够通过过滤 ICMP 报文阻止 ICMP 攻击。
- 掌握删除默认共享的方法。

任务引入

某公司架设了 Web 服务器、DNS 服务器和 FTP 服务器等多个网络服务器。公司网络管理员为了保证服务器的安全性，需要对服务器进行账户安全管理，关闭不需要的服务，配置安全的账户，设置审核策略保证记录系统安全事件，使用本地组策略编辑器对计算机进行安全配置，通过过滤 ICMP 报文阻止 ICMP 攻击，删除默认共享保证系统安全。

任务要求

（1）关闭系统无用服务。
（2）配置账户安全。
（3）设置审核策略。

（4）使用本地组策略编辑器对计算机进行安全配置。

（5）通过过滤 ICMP 报文阻止 ICMP 攻击。

（6）删除默认共享。

任务分析

公司多个服务器自身安全是安全防御的第一道防线，Windows Server 2016 操作系统的本地安全策略和组策略编辑器，可以实现自身服务器安全，也是网络管理员必须掌握的技能。维护服务器安全主要技术包括：关闭系统中不需要的服务；实现账号安全管理，如删除无效用户、停用 guest 账户、重命名管理员账户、设置两个管理员账户、设置陷阱用户、设置本地安全策略；设置审核策略实现及时记录危险事件；使用本地组策略编辑器对计算机进行安全配置，如禁止远程登录到服务器、禁止指定账号在服务器上登录、禁用注册表、禁止运行指定危险程序等；通过过滤 ICMP 报文阻止 ICMP 攻击；删除默认共享。

相关知识

1. 用户账户

用户账户是一个信息集合，用于通知 Windows 或 Linux 操作系统可以访问哪些文件和文件夹、可以对计算机进行哪些更改以及个人首选项有哪些，如桌面背景或屏幕保护程序等。使用用户账户，可以与多人共享一台计算机，但仍然拥有自己的文件和设置。每个人都可以使用其用户名和密码访问自己的用户账户。

如果用户使用账户凭据（用户名和口令）成功通过了登录认证，之后他执行的所有命令都具有该用户的权限。于是，执行代码所进行的操作只受限于运行它的账户所具有的权限。恶意黑客的目标就是以尽可能高的权限运行代码。那么，黑客首先需要"变成"具有最高权限的账户。本地 Administrator 或 SYSTEM 账户是最有权力的账户。相对于 Administrator 和 SYSTEM 来说，所有其他的账户都只具有非常有限的权限因此，获取 Administrator 或 SYSTEM 账户几乎总是攻击者的最终目标。

"本地用户和组"的"用户"文件夹显示了默认的用户账户以及操作系统用户所创建的用户账户。其中有两个特殊的账户：Administrator 和 Guest 账户。

Administrator 和 Guest 账户是在安装 Windows 时自动建立的账户，也称内置账户。这两个账户在 Windows 安装之后已经存在并且被赋予了相应的权限，它们不能被删除（既使是管理员也不能），其中 Administrator 账户还不允许被屏蔽，开始时 Guest 账户处于停用状态。Administrator 和 Guest 账户的权限如下。

（1）Administrator。在域中和计算机中具有不受限制的权利，可以管理本地或域中的任何计算机，如创建账户、创建组、实施安全策略等。Administrator 账户具有对服务器的安全控制权限，并可以根据需要向用户指派用户权利和访问控制权限。Administrator 账户是服务器上 Administrators 组的成员。永远也不可以从 Administrators 组删除 Administrator 账户，但可以重命名或禁用该账户。由于大家都知道 Administrator 账户存在于许多版本的 Windows 上，所以重命名或禁用此账户将使恶意用户尝试并访问该账户变得更为困难。

（2）Guest，供在域中和计算机中没有固定账户的用户临时使用计算机或访问域。如果某个用户的账户已被禁用，但还未删除，那该用户也可以使用 Guest 账户，Guest 账户不需要密码。默认情况下，Guest 账户是禁用，但也可以启用它。该账户在默认情况下不允许对计算机或域中的设置和资源做永久性改变。可以像任何用户账户一样设置 Guest 账户的权利和权限。默认情况下，Guest 账户是默认的 Guest 组的成员，该组允许用户登录服务器，其他权利及任何权限都必须由 administrator 组的成员授予 Guests 组。

2. 高强度登录密码

密码是一种用来混淆的技术，它希望将正常的（可识别的）信息转变为无法识别的信息。当然，对一小部分人来说，这种无法识别的信息是可以再加工并恢复的。密码在中文里是"口令"（password）的通称。登录网站、电子邮箱和银行取款时输入的"密码"其实严格来讲应该仅被称作"口令"，因为它不是本来意义上的"加密代码"，但是也可以称为秘密的号码。

登录密码是目前 Windows 操作系统采用的，识别合法用户的一种常见有效手段，在保护 Windows 操作系统安全，避免非法用户入侵方面具有重要的作用；若登录密码强度不够，那么整个操作系统的安全性将存在严重隐患。因此设置高强度的登录密码，并采用有效措施保护登录密码是保障计算机安全的一种基本手段。

一个高强度的密码至少要包括下列 4 个方面内容的 3 种：

（1）大写字母。

（2）小写字母。

（3）数字。

（4）非字母数字的特殊字符，如标点符号等。

另外高强度的密码还要符合下列规则：

（1）不使用普通的名字，昵称或缩写。

（2）不使用普通的个人信息，如生日日期。

（3）密码不能与用户名相同，或者相近。

（4）密码里不含有重复的字母或数字。

另外，在目前的 Windows 操作系统中，密码字符是 7 个一组进行存放的，密码破解工具在破解密码时通常是针对这种特点实施分组破解，因此密码的长度最好为 7 的整数倍。

3. 账户锁定策略

如果在指定的时间段内，输入不正确的密码达到了指定的次数，账户锁定策略将禁用用户账户。这些策略设置有助于防止攻击者猜测用户密码，并由此减少成功袭击所在网络的可能性

该方法可能在无意间锁定合法用户的账户，在启用账户锁定策略之前，了解这种风险十分重要。因为这个结果会使企业付出很大代价，被锁定的用户将无法访问其用户账户，直到超过指定的时间后账户锁定被自动解除，或人工解除对用户账户的锁定。

合法用户的账户被锁定可能出于以下原因：错误地输入了密码、记错了密码，或在一台计算机上登录时又在另一台计算机上更改了密码。使用不正确密码的计算机不断尝试对用户进行身份验证，但因为用于身份验证的密码本身就不正确，因此最终会导致用户账户锁定。对于只使用运行 Windows Server 2016 家族操作系统的域控制器的组织，则不存在此问题。要避免锁定

合法用户，需要设置较高的账户锁定阈值。不过请记住，计算机使用不正确的密码不断尝试对用户进行身份验证的方法十分类似于密码破解软件的行为。有时设置过高的账户锁定阈值来避免对合法用户的锁定，可能会在无意间被黑客用于对您的网络进行非法访问。

4．本地安全策略

在互联网越来越普及的今天，互联网安全问题日益严重，木马病毒横行网络。大多数人会选择安装杀毒软件和防火墙，不过杀毒软件对病毒反应的滞后性使得他心有余而力不足，只有在病毒已经造成破坏后才能被发现并查杀。在这种情况下，HIPS（主动防御系统）软件越来越流行，依靠设定各种各样的规则来限制病毒木马的运行和传播，由于 HIPS 是基于行为分析的，这使得它对未知病毒依然有效，不过软件兼容性问题也比普通的杀毒软件要严峻得多。网络上有一种人，他们不装任何杀毒软件和防火墙，自由奔走在互联网上，称为"裸奔"族。不过他们也分许多不同的种类，有的是电脑不设任何防护，也不放任何重要资料，一旦中毒就重装系统；而另一种则是依托 Windows 系统本身的安全机制来抵御病毒的入侵，显然这种方法要可靠的多。

其实大多数人都忽略了 Windows 系统本身的功能，认为 Windows 弱不禁风。其实只要设置好，Windows 就是非常强大的安全防护软件，最好的操作就是了解和熟悉 Windows 系统自带的安全策略。

 任务实施

步骤一：关闭多余系统服务

（1）选择"计算机"→"管理"命令，打开服务器管理器窗口，然后单击"工具"→"服务"，打开"服务"窗口，或者直接单击任务栏上的"服务器管理器"→"工具"→"服务"，也可以打开"服务"窗口，如图 11-35 所示。

扫一扫

任务24
管理服务器安全

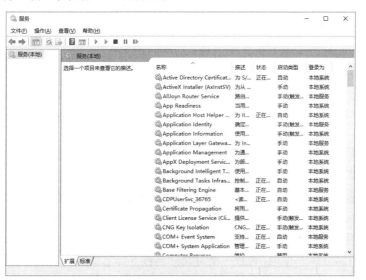

图 11-35　服务窗口

（2）单击"服务"，进入详细目录，每个对应的服务都有名称、状态、启动类别，登录身份。

将 DNS Client（DNS 客户端）、Event Log（事件日志）、Logical Disk Manager（逻辑磁盘管理器）、Network Connections（网络连接）、Plug and Play（即插即用）、Protected Storage（受保护存储）、Remote Procedure Call（RPC）（远程过程调用）、RunAs Service（RunAs 服务）、Security Accounts Manager（安全账号管理器）、Task Scheduler（任务调度程序）、Windows Management Instrumentation（Windows 管理规范）、Windows Management Instrumentation Driver Extensions（Windows 管理规范驱动程序扩展）以上服务配置为启动时自动加载。如图 11-36 所示，在启动类型处选择为自动，服务状态选择为已启动。

（3）Windows Server 2016 的 Remote Registry 和 Telnet 服务都可能对系统带来安全漏洞，Remote Registry 服务的作用是允许远程操作注册表，Telnet 是远程登录到主机，关闭这些服务，如图 11-37 是关闭 Remote Registry 服务，可以使用同样方法关闭服务器无用的服务，以提高服务器的安全性。

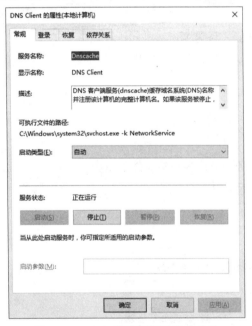

图 11-36　DNS 客户机服务自动启动

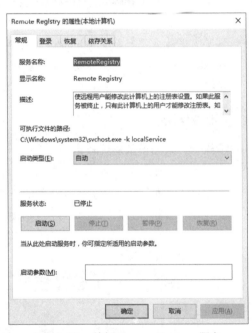

图 11-37　关闭 Remote Registry 服务

步骤二：配置账号安全

为了保护计算机安全，去掉所有的测试账户，共享账户等，尽可能少建立有效账户，没有用的一律不要，多一个账户就多一个安全隐患。系统的账户越多，被攻击成功的可能性越大。因此，要经常用一些扫描工具查看系统账户，账户权限及密码，并且及时删除不再使用的账户。对于 Windows 主机，如果系统账户超过 10 个，一般能找出一两个弱口令账户，所以账户数量不要大于 10 个。将 Guest 账户停用，改成一个复杂的名称并加上密码，然后将它从 Guests 组删除，任何时候都不允许 Guest 账户登录系统。用户登录系统的账户名对于黑客来说也有着重要意义。当黑客得知账户名后，可发起有针对性的攻击。目前许多用户都在使用 Administrator 账户登录系统，这为黑客的攻击创造了条件。因此可以重命名 Administrator 账户，使得黑客无法针对该账户发起攻击。但是注意不要使用 admin root 之类的特殊名字，尽量伪装成普通用户，例如 test。

1. 删除无效用户

（1）单击任务栏上的"服务器管理器"→"工具"→"计算机管理"，弹出图 11-38 所示的窗口。

图 11-38　"计算机管理"窗口

（2）打开"本地用户和组"结点，选择"用户"选项，在右边出现的用户列表中，选择要删除的用户，如 test，右击，在弹出的快捷菜单中选择"删除"命令，在弹出的对话框中单击"是"按钮，如图 11-39 所示。

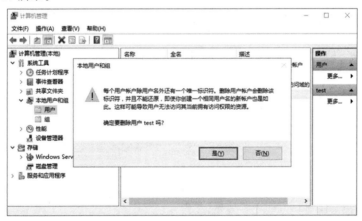

图 11-39　删除用户

2. 停用 Guest 账户

（1）进入计算机管理界面选择"系统工具"→"本地用户和组"→"用户"，在右窗格中右击"Guest"账户，选择"属性"命令，在"常规"选项卡中勾选"账户已禁用"即可，如图 11-40 所示。

图 11-40　停用 Guest 账户

（2）在同一个快捷菜单中单击"重命名"，为 Guest 起一个新名字 superadmin；单击"设置密码"，建议设置一个复杂的密码。

3. 重命名管理员账户

为保障管理员账户 Administrator 的安全，可以将该用户重命名，使黑客即使入侵电脑成功，也找不到管理员账户，降低损失程度。右击"Administrator"账户，出现图 11-41 所示页面，选择"重命名"选项，输入新的名称如 test1 即可，如图 11-42 所示，已经成功地将管理员账号的名称修改为 test1。

图 11-41　修改管理员账号名称

图 11-42　修改为 test1

4. 设置两个管理员账户

因为只要登录系统后，密码就存储在 winLogon 进程中，当有其他用户入侵计算机的时候就可以得到登录用户的密码，所以可以设置两个管理员账户，一个用来处理日常事务，一个留作备用。

5. 设置陷阱用户

在 Guests 组中设置一个 Administrator 账户，把它的权限设置成最低，并给予一个复杂的密码（至少要超过 10 位的超级复杂密码）而且用户不能更改密码，这样就可以让那些企图入侵的黑客们花费一番工夫，并且可以借此发现他们的入侵企图。

（1）打开"本地用户和组"结点，选择"用户"选项，在右侧出现的用户列表中右击，在弹出的快捷菜单中单击"新用户"命令，弹出"新用户"对话框，输入用户名和一个足够复杂的密码，并选中"用户不能更改密码"复选框，如图 11-43 所示。

（2）单击"创建"按钮后，会发现在用户列表中已经出现了 Administrator 账户，如图 11-44 所示。

图 11-43　创建 Administrator 用户

图 11-44　创建成功

（3）将新创建的 Administrator 用户添加到 Guests 组中，即打开"计算机管理"→"系统工具"→"本地用户和组"结点，选择"组"选项，在右侧出现的用户列表中右击，在弹出的快捷菜单中选择"添加到组"命令，如图 11-45 所示。

图 11-45 "添加到组"命令

（4）单击"添加"按钮，弹出"选择用户"对话框，单击"高级"按钮，如图 11-46 所示。

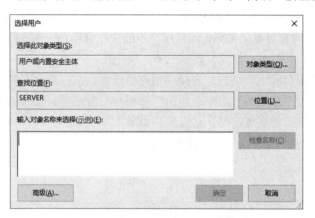

图 11-46 向 Guest 组添加成员

（5）单击"立即查找"，在查找到的用户列表中选中 Administrator，如图 11-47 所示。然后单击"确定"按钮，出现图 11-48 的"Guests 属性"对话框，由此可见 Administrator 账户已经添加到 Guests 组中了。

6. 设置本地安全策略

为了保证系统安全，可以强制要求密码长度和复杂性等。如设置最短密码长度为 8 个字符，启用本机组策略中密码必须符合复杂性要求的策略，即密码至少包含以下四种类别的字符中的 3 种：英语大写字母 A～Z；英语小写字母 a～z；阿拉伯数字 0～9。

（1）单击任务栏上的"服务器管理器"→"工具"→"本地安全策略"。如图 11-49 所示，安全设置窗口分为账户策略、本地策略、高级安全 Windows 防火墙、公钥策略、软件限制策略、应用程序控制策略、IP 安全策略和高级审核策略 9 类。

图 11-47 "选择用户"对话框

图 11-48 Guests 组中已添加 admin 账户

图 11-49 本地安全策略控制台

（2）进入账户策略，会看到两个文件：密码策略和账户锁定策略，如图 11-50 所示。

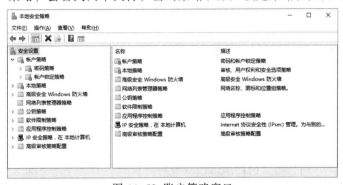

图 11-50 账户策略窗口

（3）进入密码策略，如图 11-51 所示。如果该选项里面的设置都是未启用状态，在设置密码的时候，不会有任何提示，通常 Windows Server 2016 安装后会启用密码必须符合复杂性要求。密码复杂性要求至少包含以下 4 类字符中的 3 类：大写字母、小写字母、数字以及键盘上的符号（如 !、@、#）。

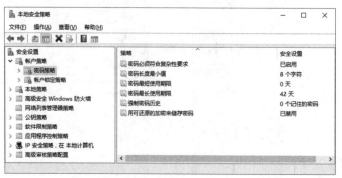

图 11-51　默认密码策略

（4）启动密码复杂性要求，选中密码必须符合复杂性要求，双击进入设置，将已停用选择为已启用，单击"确定"按钮，启用该策略，如图 11-52 所示。

（5）双击"密码长度最小值"选项，设置"密码必须至少量"为 8 个字符，如图 11-53 所示。

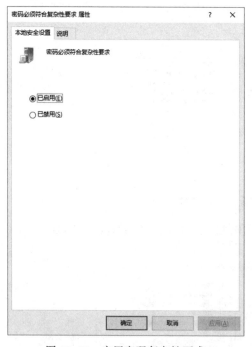
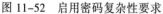

图 11-52　启用密码复杂性要求

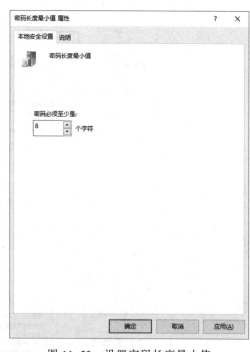

图 11-53　设置密码长度最小值

（6）验证该策略。单击任务栏上的"服务器管理器"→"工具"→"计算机管理"→"用户和组"→"用户"，在右侧空白处单击，或者右击左侧"用户"，出现图 11-54 所示菜单，选择"新用户"命令。

图 11-54　添加新用户

（7）创建一个新用户，名称是 test2，密码是 123456，如图 11-55 所示。

图 11-55　创建新用户 test2

（8）单击"创建"按钮后，出现错误提示，如图 11-56 所示。这是由于该密码策略启用，因为密码设置为 123456，长度只有 6 位，不符合密码策略中的长度和密码复杂性要求，因此不允许将 123456 设置为 test2 账户的密码。

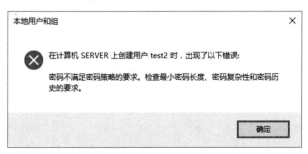

图 11-56　创建用户密码不符合要求

（9）密码最长存留期与密码最短存留期。设置密码最长存留期可提醒用户在经过一定时间后更改正在使用的密码，这有助于防止长时间使用固定密码带来的安全隐患。设置密码最短存留期不仅可避免由于高度频繁地更改密码带来的密码难以使用的问题（如由于高度频繁地更改密码导致用户记忆混乱），而且可防止黑客在入侵系统后更改用户密码。

打开"本地安全策略"，在窗口右侧双击"密码最长存留期"，则打开了该项策略的设置，如图 11-57 所示（以类似的方式，可以进行"密码最短存留期"的设置）。

（10）强制历史密码。"强制密码历史"安全策略可有效防止用户交替使用几个有限的密码所带来的安全问题。该策略可以让系统记录曾经使用过的密码。若用户更改的新密码与已使用过的密码一样，系统会给出提示。该安全策略最多可以记录 24 个曾使用过的密码。

打开"本地安全策略"，在窗口右侧双击"强制密码历史"，则打开了该项策略的设置，如图 11-58 所示。为了使"强制密码历史"安全策略生效，必须将"密码最短存留期"的值设为一个大于 0 的值。

图 11-57　设置密码最长使用期限

图 11-58　设置保留密码历史

（11）账户锁定策略。账户锁定策略可发现账户操作中的异常事件，并对发生异常的账户进行锁定，从而保护账户的安全性。

打开"本地安全策略"窗口，在窗口左侧依次选择"账户策略"→"账户锁定策略"，则会看到该策略有 3 个设置项："账户锁定时间""账户锁定阀值""重置账户锁定计数器"，如图 11-59 所示。

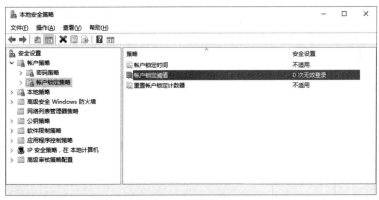

图 11-59　账户锁定窗口

"账户锁定阈值"可设置在几次登录失败后就锁定该账户。这能有效防止黑客对该账户密码的穷举猜测。当"账户锁定阈值"的值设定为一个非 0 值后，能有效防止黑客对账户密码穷举的猜测，可以设置"重置账户锁定计数器"和"账户锁定时间"两个安全策略的值。其中"重置账户锁定计数器"设置了计数器复位为 0 时所经过的分钟数；"账户锁定时间"设置了账户保持锁定状态的分钟数，当时间过后，账户会自动解锁，以确保合法的用户在账户解锁后可以通过使用正确的密码登录系统。

将"账户锁定阈值"设置为 3，如图 11-60 所示，"重置账户锁定计数器"与"账户锁定时间"会自动设置为默认值，将账户锁定时间设置为 10 分钟，如图 11-61 所示。

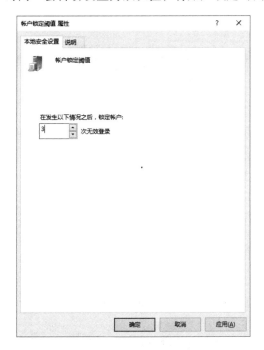

图 11-60　设置"账户锁定阈值"

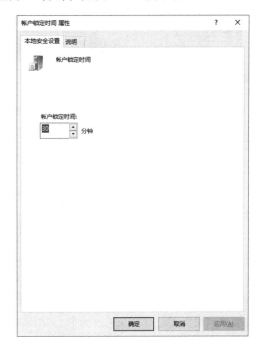

图 11-61　设置"账户锁定时间"

　　测试上述设置是否成功，先按【Ctrl+Alt+Delete】组合键，选择"锁定"选项，锁定计算机，再使用普通用户登录系统，如 test1，输错 3 次密码，第 4 次输入正确密码后，出现图 11-62 所示效果则表明实验成功，用户被锁定。

　　如果要解锁被锁定的账户，可以等待锁定时间到自动解锁，或者打开账户的属性，取消选中"账户已锁定"复选框，也可以解锁，如图 11-63 所示。

图 11-62　账户被锁定提示　　　　　　　　图 11-63　解锁账户

步骤三：设置审核策略

　　系统日志是记录系统中硬件、软件和系统问题的信息，同时还可以监视系统中发生的事件。用户可以通过它来检查错误发生的原因，或者寻找受到攻击时攻击者留下的痕迹。

　　Windows 网络操作系统都设计有各种各样的日志文件，如应用程序日志，安全日志、系统日志、Scheduler 服务日志、FTP 日志、WWW 日志、DNS 服务器日志等，这些根据系统开启的服务的不同而有所不同。用户在系统上进行一些操作时，这些日志文件通常会记录下操作的一些相关内容，这些内容对系统安全工作人员相当有用。比如有人对系统进行了 IPC 探测，系统就会在安全日志里迅速地记下探测者探测时所用的 IP、时间、用户名等，用 FTP 探测后，就会在 FTP 日志中记下 IP、时间、探测所用的用户名等。

　　（1）单击"服务器管理器"→"工具"→"本地安全策略"→"审核策略"，审核账户登录事件，设置为成功和失败都审核，如图 11-64 所示。

　　（2）设置成功后如图 11-65 所示。其他事件是否设置审核成功和失败，管理员可以根据需求自行设定。

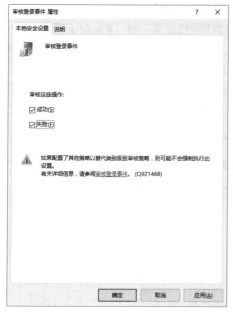

图 11-64　审核登录事件

图 11-65　审核策略更改

步骤四：使用本地组策略编辑器对计算机进行安全配置

本地组策略编辑器包含"本地安全策略"内容，但是比"本地安全策略"内容更丰富，可以设置拒绝指定用户登录，禁用注册表，禁用很多对系统可能造成危险的操作。

首先打开"Win+R"→"运行"命令，在弹出的"运行"对话框中输入 gpedit.msc，单击"确定"按钮，即可打开"组策略"窗口，如图 11-66 所示，下面的四种安全配置将在"组策略"窗口中完成。

图 11-66　组策略编辑器

1. 禁止指定账户在本机登录

当人们暂时离开工作电脑时，可能有一些打开的文档还在处理之中，为了避免其他人动用电脑，一般会将电脑锁定，但是，但电脑处于局域网环境时，可能已在本地电脑上创建了一些来宾账户，以方便他人的网络登录需求。但是其他人也可以利用这些来宾账号注销当前账号并进行本地登录，这样会对当前的文档处理工作造成影响。为了解决该问题，可以通过"组策略"

的设置来禁止一些来宾账号的本地登录，仅保留他们的网络登录权限。

（1）在"本地组策略编辑器"左窗格中依次选择"计算机配置"→"Windows 配置"→"安全配置"→"本地策略"→"用户权利指派"，如图 11-67 所示，双击右窗格中的"拒绝本地登录"，弹出"拒绝本地登录 属性"对话框，如图 11-68 所示。

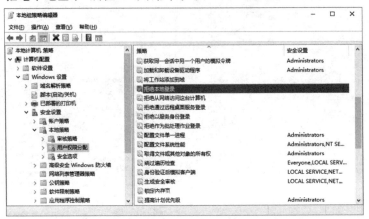

图 11-67   "本地组策略编辑器"窗口

（2）在该对话框中通过单击"添加用户或组"按钮，弹出"选择用户或组"对话框，如图 11-69 所示，然后单击左下方的"高级"按钮，在弹出的对话框中单击左侧的"立即查找"按钮，则会在对话框下方显示出本地计算机的所有账户，如图 11-70 所示，选中所需的账户 test，单击"确定"按钮，则将 test 用户加入到禁止登录的账户列表中，如图 11-71 所示。

图 11-68   "拒绝本地登录 属性"对话框

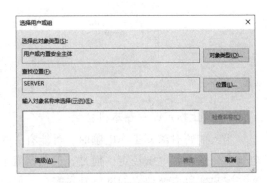

图 11-69   选择用户和组对话框

图 11-70　高级属性　　　　　　　　图 11-71　添加账号 test

（3）使用 test 账户登录，出现"不允许使用你正在尝试的登录方式，请联系你的网络管理员了解详细信息"，说明组策略已经生效，如图 11-72 所示。

图 11-72　测试 test 用户无法登录

2．禁用注册表

（1）在"本地组策略编辑器"左窗格中选择"用户配置"→"管理模板"→"系统"，在右窗格中会出现"阻止访问注册表编辑工具"，如图 11-73 所示。

（2）双击打开"阻止访问注册表编辑工具"窗口，可以看到默认是"未配置"，选中"已启用"按钮，将选项下方的"是否禁用无提示运行 regedit"选择"是"，如图 11-74 所示。

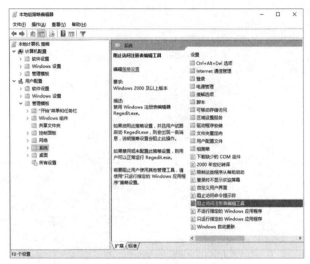

图 11-73　"管理模板"设置

图 11-74　启用"阻止访问注册表编辑工具"

（3）回到系统中，在"运行"中输入 regedit 命令打开注册表时，会出现"注册表编辑器已被管理员禁用"的错误提示，如图 11-75 所示，表示已经成功禁用了注册表，如果需要再启动注册表，直接在"阻止访问注册表编辑工具"窗口的选项选择"未配置"即可。

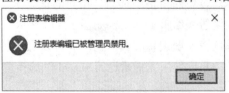

图 11-75　测试禁用注册表

3．禁用记事本

（1）在"本地组策略编辑器"左窗格中选择"用户配置"→"管理模板"→"系统"，在右窗格中会出现"不运行指定的 Windows 应用程序"，如图 11-76 所示。

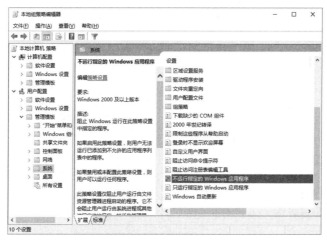

图 11-76　"系统"设置

（2）双击打开"不运行指定的 Windows 应用程序"窗口，可以看到默认是"未配置"，选中"已启用"单选按钮，如图 11-77 所示。

图 11-77　启用"不运行指定的 Windows 应用程序"

（3）在"选项"下方有"不允许的应用程序列表"，单击"显示"按钮，填入应用程序的名称，如禁止使用记事本程序，则输入记事本的程序名 notepad.exe，如图 11-78 所示。

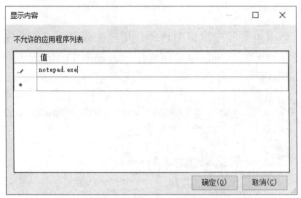

图 11-78　添加禁用的程序名

（4）回到系统中，打开记事本文件，会出现"限制"的错误提示，如图 11-79 所示，表示已经成功禁用了记事本程序，如果需要再启动记事本，直接在"不允许的应用程序列表"中删除程序名 notepad.exe 或者将"不运行指定的 Windows 应用程序"窗口的选项选择"未配置"即可。

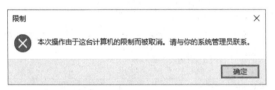

图 11-79　测试禁用记事本

步骤五：通过过滤 ICMP 报文阻止 ICMP 攻击

很多针对 Windows Server 2016 系统的攻击均是通过 ICMP 报文的漏洞攻击实现的。如 ping of death 攻击。下面通过安全配置来过滤 ICMP 报文，从而阻止 ICMP 攻击。验证的方法是在做过滤之前，可以 ping 通 192.168.51.196 这台服务器，当规则应用以后，就 ping 不通这台服务器了。

1. 启用"本地安全设置"

在"服务器管理器"中打开"工具"，双击"本地安全策略"，打开"本地安全策略"窗口，如图 11-80 所示。

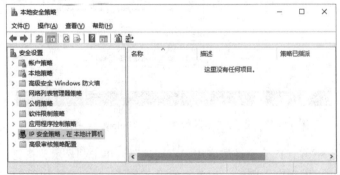

图 11-80　"本地安全策略"窗口

2．ICMP 过滤规则的添加

（1）在"安全设置"窗口中，右击"IP 安全策略，在本地计算机"并从弹出的快捷菜单中选择"管理 IP 筛选器和 IP 筛选器操作"，从而弹出"管理 IP 筛选器列表和筛选器操作"对话框，如图 11-81 所示。

（2）在该对话框中选择"管理筛选器操作"选项卡，取消选中右侧的"使用'添加向导'"复选框，单击左下方的"添加"按钮，弹出"新筛选器操作 属性"对话框，如图 11-82 所示，在该对话框的"安全方法"框中选择"阻止"单选按钮。

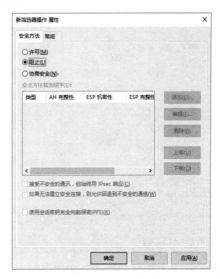

图 11-81　"管理 IP 筛选器列表和　　　　图 11-82　"新筛选器操作 属性"对话框
　　　　筛选器操作"对话框

（3）在"常规"选项卡的名称框中输入"防止 ICMP 攻击"，如图 11-83 所示，单击"确定"按钮，完成后出现图 11-84 所示的窗口。

图 11-83　"常规"选项卡　　　　　　　　　图 11-84　创建了筛选器

（4）在"管理 IP 筛选器列表和筛选器操作"对话框中选择"管理 IP 筛选器列表"选项卡，如图 11-85 所示，然后单击左下方的"添加"按钮，弹出"IP 筛选器列表"对话框，如图 11-86 所示，取消选中右下方的"使用'添加向导'"复选框，在"名称"文本框中输入"防止 ICMP 攻击"。

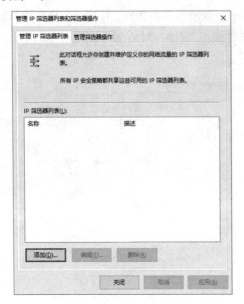

图 11-85　"管理 IP 筛选器列表"选项卡

图 11-86　"IP 筛选器列表"对话框

（5）单击右侧的"添加"按钮，弹出"IP 筛选器 属性"对话框。在该对话框"地址"选项卡中，源地址选择"任何 IP 地址"，目标地址选择"我的 IP 地址"，如图 11-87 所示。在"协议"选项卡中，协议选择 ICMP，如图 11-88 所示，然后单击"确定"按钮，设置完毕。

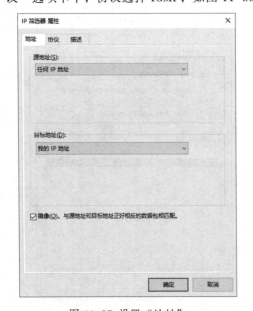

图 11-87 设置"地址"

图 11-88 设置"协议"

（6）单击"确定"按钮后可以看到"IP 筛选器"列表中已经增加了一条规则，显示目的地址和源地址设置等详细信息，如图 11-89 所示，再单击"确定"按钮，回到"管理 IP 筛选器列表"窗口，"防止 ICMP 攻击"规则创建完成，这样，就设置了一个关注所有人进入 ICMP 报文的过滤策略和丢弃所有报文的过滤操作了，如图 11-90 所示。

图 11-89　规则设置完成

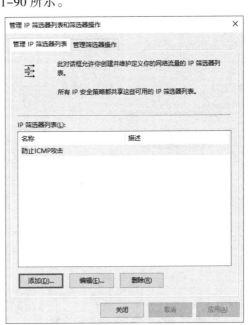

图 11-90　设置完成

3. 添加 ICMP 过滤器

（1）在"本地安全设置"对话框中，右击"IP 安全策略 在本地计算机"，在弹出的快捷菜单中选择"创建 IP 安全策略"，弹出"IP 安全策略向导"对话框，如图 11-91 所示，单击"下一步"按钮，在"IP 安全策略名称"窗口"名称"文本框中输入"ICMP 过滤器"，如图 11-92 所示。

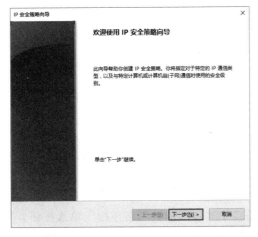

图 11-91　"IP 安全策略向导"对话框

图 11-92　"IP 安全策略名称"窗口

（2）单击"下一步"按钮，在"安全通讯请求"窗口选择默认选项，如图11-93所示，在"正在完成IP安全策略向导"窗口中单击"完成"按钮，出现"ICMP过滤器 属性"窗口，如图11-94所示。

图11-93 "安全通讯请求"窗口   图11-94 "ICMP过滤器 属性"窗口

（3）单击图11-94左下角"添加"按钮，出现"安全规则向导"窗口，如图11-95所示，单击"下一步"按钮，在"隧道终结点"窗口选择默认选项"此规则不指定隧道"单选按钮，如图11-96所示。

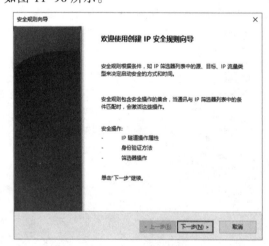

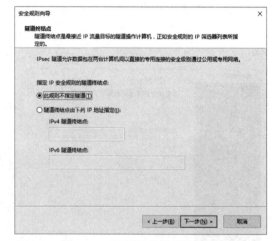

图11-95 "安全规则向导"窗口   图11-96 "隧道终结点"窗口

（4）单击"下一步"按钮，在"网络类型"窗口中选择"所有网络连接"单选按钮，如图11-97所示，单击"下一步"按钮，在"筛选器操作"窗口中选中"防止ICMP攻击"，如

图 11-98 所示。

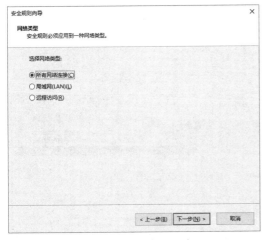

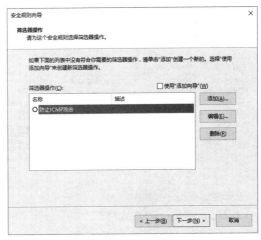

图 11-97　"网络类型"窗口　　　　　　　　　　图 11-98　"筛选器操作"窗口

（5）单击"下一步"按钮，在"筛选器操作"窗口中选择"防止 ICMP 攻击"，如图 11-99 所示，单击"下一步"按钮，出现"正在完成安全规则向导"窗口，如图 11-100 所示。

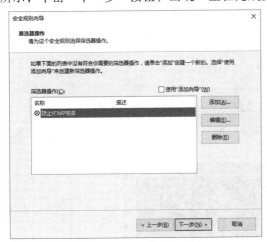

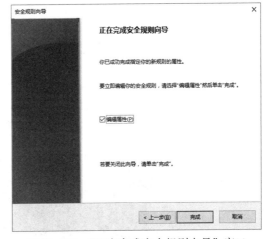

图 11-99　"筛选器操作"窗口　　　　　　　　图 11-100　"正在完成安全规则向导"窗口

（6）单击"完成"按钮，可以看到创建了一条"防止 ICMP 攻击"规则，如图 11-101 所示，单击"确定"按钮，在"本地安全策略"窗口中出现"ICMP 过滤器"选项，如图 11-102 所示。

（7）右击"ICMP 过滤器"选项在弹出的快捷菜单中选择"分配"命令，将该规则进行分配，不然不会生效，如图 11-103 所示。这样，就完成了一个所有进入系统的 ICMP 报文的过滤策略和丢失所有报文的过滤操作，从而阻挡攻击者使用 ICMP 报文进行的攻击。

（8）规则设置后要进行验证，在设置规则前使用客户机能够 ping 通服务器，规则设置完成进行分配后，就不能 ping 通服务器了，说明规则生效，如图 11-104 所示。

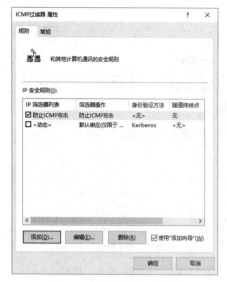

图 11-101 添加规则完成

图 11-102 设置完成窗口

图 11-103 分配规则

图 11-104 测试

上述实验内容分别展示了如何在 Windows 系统中删除和卸载系统服务，利用组策略对系统进行安全加固，如何应对 DOS 攻击以及如何设置过滤策略阻止 ICMP 报文的攻击，综合利用上述手段对系统进行灵活配置。

步骤六：删除默认共享

Windows 操作系统为了方便用户，系统在安装时，默认共享了所有的磁盘，虽然方便了用户，但是也存在安全隐患，如果某个用户取得了系统的用户名和密码，除了使用共享的资源外，也可以使用默认共享浏览计算机中全部磁盘内容。

查看默认共享的方法是打开"服务器管理器"→"计算机管理"→"共享文件夹"→"共享"，可以看到系统中所有的共享，如图 11-105 所示。其中，"共享"文件夹是正常方式进行的共享，而带"$"符号的共享就是默认共享，如 C$，E$，IPC$和 ADMIN$。

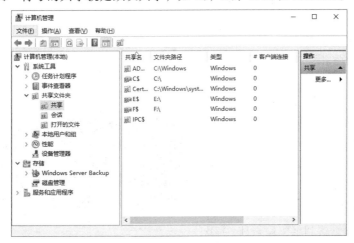

图 11-105　查看共享

访问默认共享的方法是在"运行"对话框中输入\\192.168.51.196\c$，输入合法的用户名和密码后就可以看到 C 盘上所有的内容，如图 11-106 所示。

图 11-106　使用默认共享

为了系统安全，必须要删除默认共享，可以有很多种方法删除默认共享。

1. 直接删除默认共享

在图 11-105 中，直接右击文件，在弹出的快捷菜单中选择"停止共享"命令，即可以删除默认共享，如图 11-107 所示。

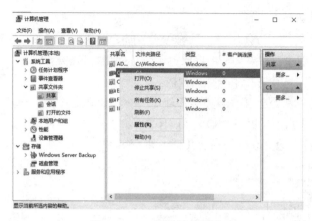

图 11-107　删除默认共享

2. 使用命令删除默认共享

在命令提示符中输入命令 net share C$ /del，即可删除 C 盘的默认共享，如果有用户已经连接到该共享上，会提示用户是否继续删除操作，如图 11-108 所示。

3. 使用批处理方式删除默认共享

使用命令删除默认共享比较麻烦，每次

图 11-108　使用命令删除默认共享

重新启动系统后都需要重新执行。可以编写一个批处理文件，将该文件放入本地安全策略的开机脚本选项中，每次开机时自动执行该批处理文件，自动删除默认共享。

（1）使用记事本编写一个文件，文件名称为 delshare.bat，文件内容是：

```
net share C$ /del
net share E$ /del
net share F$ /del
```

（2）按下【Win+R】组合键打开"运行"命令，在弹出的"运行"对话框中输入 gpedit.msc，单击"确定"按钮，即可打开"本地组策略编辑器"窗口，选择"计算机配置"→"Windows 配置"→"脚本（启动/关机）"，如图 11-109 所示。

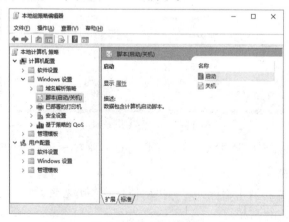

图 11-109　启动脚本

（3）双击"启动"按钮，打开图 11-110 所示对话框，单击左下角"显示文件"按钮，将图 11-111 所示的编写好的批处理文件复制到此位置，单击"确定"按钮后完成设置。系统下次启动时会自动删除 C 盘、E 盘和 F 盘的默认共享。

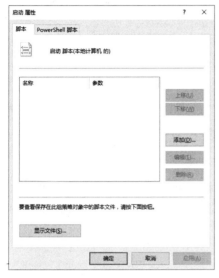

图 11-110　"启动属性"对话框

图 11-111　复制批处理文件

4. 使用注册表删除默认共享

（1）按窗口【Win+R】组合键打开"运行"对话框，输入 regedit，打开"注册表编辑器"窗口，如图 11-112 所示。

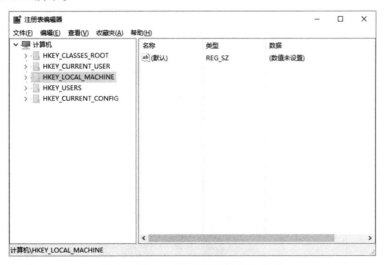

图 11-112　"注册表编辑器"窗口

（2）选择"HKEY_LOCAL_MACHINE"→"SYSTEM"→"CurrentControlSet"→"Services"→"LanmanServer"→"Parameters"参数，如图 11-113 所示。

图 11-113　找到"Parameters"参数

（3）右击"Parameters"，在弹出的快捷菜单中选择"新建"→"DWORD（32 位）值"命令，新建一个 DWORD 值，如图 11-114 所示，名称是 AutoShareServer，值为 0，如图 11-115 所示。

图 11-114　新建 DWORD 值

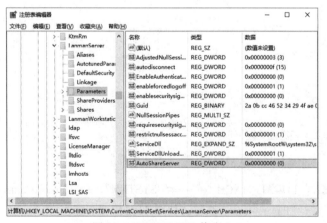

图 11-115　DWORD 值为 0

（4）关闭注册表，重新启动服务器后，Windows 将关闭磁盘的默认共享。

技 能 训 练

1．训练目的
（1）了解防火墙作用。
（2）能够配置高级防火墙功能。
（3）能够进行客户端验证。

2．训练环境
（1）Windows Server 2016 计算机。
（2）Windows 客户机。
（3）查看防火墙是否开启，允许哪些服务通过。

3．训练内容
（1）开启防火墙默认功能。
（2）编写入站规则，禁止客户机 192.168.1.12 访问服务器的 FTP 服务。
（3）编写入站规则，允许客户机 192.168.1.12 能 ping 通客户机。
（4）编写出站规则，禁止服务器访问互联网中的网页。
（5）在客户端验证。

4．训练要求
实训分组进行，可以 2 人一组，小组讨论，确定方案后进行讲解，教师给予指导，全体学生参与评价，方案实施过程中，一个计算机作为服务器，另一个计算机作为客户机，要轮流进行角色转换。

5．实训总结
完成实训报告，总结项目实施中出现的问题。

单元 12 | 组建局域网

本单元设置 1 个任务，介绍了局域网规划设计、利用网络拓扑图进行设计、利用逻辑网络图进行设计、IP 地址方案设计、DHCP 服务器设置和 DNS 服务器设置。

任务 25 以 Windows Server 2016 为平台组建局域网

教学目标

- 了解局域网组建所需的设备。
- 掌握局域网规划设计方法。
- 能够配置局域网服务。

任务引入

某公司网络管理员组建公司局域网，要求以 Windows Server 2016 网络操作系统为平台建设公司的局域网。

任务要求

（1）掌握局域网规划设计。
（2）利用网络拓扑图进行设计。
（3）利用逻辑网络图进行设计。
（4）掌握局域网服务综合设置。

任务分析

组建局域网之前，必须进行规划设计。在局域网规划设计阶段，项目组应该进行严格的需求分析，进而进行整体方案的设计，设计阶段分为概念设计、逻辑设计和物理设计。然后再进行局域网服务综合设置，包括 IP 地址方案设计、DHCP 服务器设置和 DNS 服务器设置。

相关知识

随着计算机网络技术和通信技术的飞速发展，局域网已经成为人们工作、学习和生活不可缺少的平台。如何科学地组建一个中小型企业网络，使其具有便利、快捷的可维护性是网络组建的重点。

　　网络技术日新月异，各种高科技含量的网络设备、高带宽传输介质、丰富多彩的网络内容不断涌现，所有这些必须通过网络来组织连接、传输、分发和共享，才能体现其高性能和多用途。组建一个网络，硬件是必不可少的，软件也只有在硬件的支持下才能工作。局域网组建设备包括传输介质、网卡、集线器、交换机和路由器等。

1. 传输介质

　　传输介质是为数据传输提供的通路，并通过它把网络中的各种设备互连在一起。在现有的计算机网络中，用于数据传输的物理介质有很多种，每一种介质的带宽、时延、抗干扰能力和费用以及安装维护难度等特性都各不相同。这里将介绍计算机网络中常用的一些传输介质及其有关的通信特性。

　　1）有线介质

　　（1）双绞线。双绞线又称双纽线，它由若干对铜导线（每对由两条相互绝缘的铜导线按一定规则绞合在一起）组成，如图 12-1 所示。采用这种绞合起来的结构是为了减少对邻近线对的电磁干扰，为了进一步提高双绞线的抗干扰能力，还可以在双绞线的外层再加上一个用金属丝编织成的屏蔽层。

图 12-1　双绞线

　　根据是否外加屏蔽层，双绞线又可分为屏蔽双绞线（Shield Twisted Pair，STP）和非屏蔽双绞线（Unshield Twisted Pair，UTP）两类。非屏蔽双绞线的阻抗值为 100 Ω，其传输性能适应大多数应用环境要求，应用十分广泛，是建筑内结构化布线系统主要的传输介质。

　　屏蔽式双绞线的阻抗值为 150 Ω，具有一个金属外套，对电磁干扰（Electromagnetic Interference，EMI）具有较强的抵抗能力。因其使用环境要求苛刻，以及产品价格成本等原因，目前应用较少。

　　双绞线既可用于模拟信号传输，也可用于数字信号传输，其通信距离一般为几到十几千米。导线越粗，通信距离越远，但导线价格也越高。

　　随着局域网上数据传输速率的不断提高，美国电子工业协会的远程通信工业会（EIA/TIA）于 1995 年颁布了最常用的 UTP：3 类线和 5 类线。3 类线与 5 类线的主要区别是：5 类线大大增加了每单位长度的绞合次数，而且在线对间的绞合度和线对内两根导线的绞合度上都经过了精心的设计，并在生产中加以严格的控制，使干扰在一定程度上得以抵消，从而提高了线路的传输特性。目前，在结构化布线工程建设中，计算机网络线路普遍采用 100 Ω 的 5 类或者超 5 类（5e）非屏蔽双绞线系列产品作为主要的传输介质。EIA/TIA-586 标准会随着技术的发展而不断修正和完善，例如，在 1998 年 4 月已有 6 类双绞线的草案问世。

　　在制作网线时，要用到 RJ-45 插头，俗称"水晶头"，如图 12-2 所示。

　　在将网线插入水晶头前，要对每条线排序，如图 12-3 所示。根据 EIA/TIA 接线标准，RJ-45 连接器（插头、插座）制作有两种排序标准：EIA/TIA 568B 标准和 EIA/TIA 568A 标准。

　　568B 标准的线序为白橙、橙、白绿、蓝、白蓝、绿、白棕、棕。

　　568A 标准的线序为白绿、绿、白橙、蓝、白蓝、橙、白棕、棕。

图 12-2　RJ-45 插头与制作好的网线　　　图 12-3　网线排序号

（2）同轴电缆。同轴电缆由最内层的中心铜导体、塑料绝缘层、屏蔽金属网和外层保护套组成，同轴电缆的这种结构使其具有高带宽和较好的抗干扰特性，并且可在共享通信线路上支持更多的站点。按特性阻抗数值的不同，同轴电缆又分为两种：一种是 50 Ω 的基带同轴电缆；另一种是 75 Ω 的宽带同轴电缆。同轴电缆的外观如图 12-4 所示。

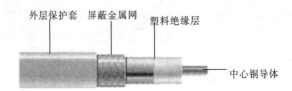

图 12-4　同轴电缆的结构

① 基带同轴电缆。一条电缆只支持一个信道，传输带宽为 1～20 Mbit/s。它可以 10 Mbit/s 的数据传输速率把基带数字信号传输 1～1.2 km。基带数字信号传输指按数字信号位流形式进行的传输，无须任何调制。它是局域网中广泛使用的一种信号传输技术。

② 宽带同轴电缆。宽带同轴电缆支持的带宽为 300～350 MHz，可用于宽带数据信号的传输，传输距离可达 100 km。宽带数据信号传输指可利用多路复用技术在宽带介质上进行多路数据信号的传输。它既能传输数字信号，又能传输诸如语音、视频等模拟信号，是综合服务宽带网的一种理想介质。

（3）光缆。光缆的芯线为光纤。光纤的全称是光导纤维，能传递光脉冲进行通信。有光脉冲出现输出 1，不出现输出 0。由于可见光的频率非常高，约为 10^8 MHz 的量级，因此，一个光纤通信系统的传输带宽远远大于其他各种传输介质带宽，是目前最有发展前途的有线传输介质。

光纤呈圆柱形，由纤芯、包层和护套 3 部分组成，如图 12-5 所示。纤芯是光纤最中心的部分，它由一条或多条非常细的玻璃或塑料纤维线构成，每根纤维线都有自己的封套。这一玻璃或塑料封套涂层的折射率比纤芯低，从而使光波保持在纤芯内传输。环绕一束或多束封套纤维的护套由若干塑料或其他材料层构成，

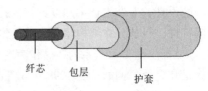

图 12-5　光纤的结构

以防止外部的潮湿气体侵入，并可防止磨损或挤压等伤害。各个部分的具体作用如下：

① 纤芯（core）：折射率较高，用来传送光。

② 包层（coating）：折射率较低，与纤芯一起形成全反射条件。

③ 护套（jacket）：强度大，能承受较大冲击，保护光纤。

2）无线介质

如果在一些高山、岛屿或偏远地区，用有线介质铺设通信线路就非常困难，尤其在信息时代，很多人需要利用笔记本式计算机、袖珍计算机随时随地与社会或单位保持在线联系，获取信息，对于这些移动用户，有线介质无法满足他们的要求，而无线介质则可以解决上述问题。

无线介质是指信号通过空气载体传播，而不被约束在一个物理导体内。常用的无线介质有无线电波、微波和卫星通信等。

2. 网卡

1）网卡的功能

网卡又称网络适配器或网络接口卡（Network Interface Card，NIC），为了将服务器、工作站连接到网络中，需要在网络通信介质和设备之间用网络接口设备进行物理连接，局域网中使用网卡完成连接。网卡插在计算机扩展总线槽中，通过总线与计算机连接，并通过 RJ-45 插座与双绞线相连，或者通过 T 形插头与同轴电缆相连，或者通过 SC 与光缆相连，网卡的外观如图 12-6 所示。

图 12-6 网卡

在网络中，网卡的主要作用如下：

（1）接收或拆包网络上传来的数据，再将其传送给本地计算机。

（2）打包或发送本地计算机上的数据，再将数据包通过传输介质送入网络。

2）网卡的安装

网卡的安装比较简单。根据所选网卡的不同，其安装分为有线网卡安装和无线网卡安装两种。本书只介绍有线网卡安装。

（1）网卡硬件的安装：目前，大多数装有 Windows 2000/XP 或 Windows Server 2016 操作系统的计算机都支持即插即用（PNP），打开机箱并在主板上装插网卡，然后启动计算机，Windows 在启动过程中会自动安装好驱动程序。若 Windows 没有正常检查到已安装的网卡，可以通过控制面板中的"添加/删除硬件"来安装驱动。

（2）检测网卡是否成功安装：右击"计算机"图标，在弹出的快捷菜单中选择"属性"命令，弹出"系统属性"对话框，选择"硬件"选项卡。单击"设备管理器"按钮，弹出"计算机管理"窗口，如图 12-7 所示。

安装后的网卡会出现在"网络适配器"结点下，这表明已成功安装了网卡的驱动程序。如果刚安装好的网卡名称前面出现了一个黄色的感叹号"！"，表明该网卡与其他硬件发生了冲突，虽然网卡的驱动程序已安装完，但仍无法正常工作，必须更改网卡现有的参数，以消除冲突；如果出现一个问号"？"，表明该网卡驱动没有安装好，需要重新安装驱动程序。

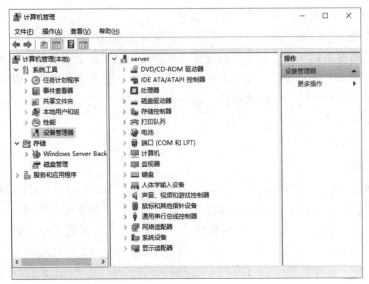

图 12-7　"计算机管理"窗口

3．集线器

1）集线器概述

集线器是一种特殊的中继器，工作在 OSI 七层参考模型中的物理层，可以连接多台计算机。集线器是网络管理中最小的单位，是局域网的物理星状连接点，就像树的主干一样，集线器是各分支的汇集点。集线器的外观如图 12-8 所示。

图 12-8　集线器

采用集线器组网是解决多机组建网络的最佳且最为经济的方案。集线器网络中的一个星状结点，用于集中管理与其相连的工作站，同时可以监视网络中每个工作站的工作状况，大大方便了网络的日常维护工作。

2）集线器的工作原理

在传统以太网中，只存在一个物理信号传输通道，因此通信是通过一条传输介质进行的，这样就存在各结点争抢信道的矛盾，从而使数据传输效率降低。引入集线器这一网络互连设备后，每一个工作站使用自己专用的传输介质连接到集线器，各结点不再只有一个传输通道，各结点发回来的信号通过集线器，集线器把信号整形、放大并发送到所有结点上，这样至少在上行通道上不会再出现碰撞现象。

但基于集线器的网络仍然是一个共享介质的局域网，这里的"共享"其实就是集线器内部总线，所以当上行通道与下行通道同时发送数据时，仍然会存在信号碰撞现象。当集线器在其内部端口检测到碰撞时，会产生碰撞强化信号向集线器所连接的目标端口进行传送，这时所有的数据都将不能发送成功，形成网络"大塞车"。这种网络现象可以用一个形象的现实情形来说明，就是单车道上同时有两个行驶方向的车驶来。

我们知道，单车道上通常只允许一个行驶方向的车通过，但是在有些小城镇，通常没有这样的规定，单车道也很有可能允许两个行驶方向的车通过，但是必须在不同时刻经过。在集线器中也一样，虽然各结点与集线器的连接已有各自独立的通道，但是在集线器内部却只有一个共同的通道，上、下行数据都必须通过这个共享通道发送和接收数据，这样有可能像单车道一样，当上、下行通道同时有数据发送时，就可能出现塞车现象。

正因为集线器的这一不足，所以它不能单独应用于较大的网络中，通常是与交换机等设备一起分担小部分的网络通信负荷。如果网络中要选用集线器作为单一的集线器设备，则网络规模最好在 10 台以内，而且集线器带宽应在 1 G 以上。

集线器除了共享带宽这一不足外，还有一个方面在选择集线器时必须要考虑，就是它的广播方式。因为集线器基本上不具有"智能记忆"能力，所以它发送数据时是没有针对性的，而是采用广播方式发送。也就是说当它要向某结点发送数据时，不是直接把数据发送到目的结点，而是把数据包发送到与集线器相连的所有结点。

4．交换机

1）交换机概述

交换机在外观上和集线器相似，但其原理和集线器并不一样，且功能更为强大，通常用于较大型的网络中。交换机的外观如图 12-9 所示。

图 12-9　交换机

2）交换机的功能

以太网交换机工作在 OSI 模型的第二层即数据链路层，具备以下 3 个功能：

（1）地址学习：以太网交换机可以记忆连接它端口的每一个设备的 MAC 地址，这个端口的地址被存储在 MAC 地址表中。

（2）转发和过滤：当一个以太网交换机接收到一个帧时，它会参考 MAC 地址表，从而决定哪个端口连接的工作站和帧中的目的地址一致，如果这个地址被发现，则这个帧只能由该端口传送出去。

（3）消除循环：当一个交换式网络中为了冗余而有回路时，如果配置了生成树协议，一个以太网交换机可以阻止从冗余路径中传输帧。

5．路由器

1）路由器概述

路由就是通过互连的网络把信息从源地址传输到目的地址的活动。路由发生在 OSI 网络参考模型中的第三层，即网络层。路由规定，把信息包从一个地址发送到另外一个地址必须转发到目的主机或另外一个网关。路由器的外观如图 12-10 所示。

图 12-10　路由器

2）路由器的功能

（1）路由选择：路由器中有一个路由表，当连接的一个网络上的数据分组到达路由器后，路由器根据数据分组中的目的地址，参照路由表，以最佳路径把分组转发出去。路由器还有路由表的维护能力，可根据网络拓扑结构的变化，自动调节路由表。

（2）协议转换：路由器可对网络层和以下各层进行协议转换。

（3）实现网络层的一些功能：因为不同网络的分组大小可能不同，路由器有必要对数据包进行分段、组装，调整分组大小，使其适合下一个网络对分组的要求。

（4）网络管理与安全：路由器是多个网络的交汇点，网间的信息流都要经过路由器，在路由器上可以进行信息流的监控和管理。它还可以进行地址过滤，阻止错误的数据进入，起到"防火墙"的作用。

（5）多协议路由选择。路由器是与协议有关的设备，不同的路由器支持不同的网络层协议。多协议路由器支持多种协议，能为不同类型的协议建立和维护不同的路由表，连接运作不同协议的网络。

6．设备比较

网络中存在不同的设备，这些设备起到连接网络、扩展网络的作用。企业组建网络时可能使用不同的中间设备作为网络解决方案的部件。最常见的中间设备是集线器、路由器和交换机。设备比较如表 12-1 所示，了解了这些设备的区别之后，就可以确定在网络中使用哪一类设备。

表 12-1　设备比较

设 备 类 型	OSI 参考模型	特 点 描 述
集线器	物理层	通过对数字信号的转发来扩展网络，不对数据进行加工处理，对结点不可见
交换机	数据链路层	基于数据帧的转发，使用虚拟链路连接源端口和目的端口
路由器	网络层	常用于连接广域网和局域网，基于数据包的操作
三层交换机	数据链路层和网络层	基于网络层地址的转发，同时提供第二层交换和第三层路由的功能

 任务实施

步骤一：局域网规划设计

1．概念设计

概念设计（Conceptual Design）理念的目标是以适当的方式获取和理解局域网组建的需求，概念设计以这些需求为依托。例如，某个企业的 500 名员工需要使用公司的网络资源，需要进行统一的身份验证，需要实现简单易行的域名解析解决方案，组建网络时，确定方案的总体概念：利用 Windows Server 2016 网络操作系统对整个员工账号进行统一的身份验证，使用 DNS 服务实现域名解析。

2．逻辑设计

逻辑设计（Logical Design）是解决方案成型的开端，是在逻辑上对局域网的需求进行描述。例如，局域网的域体系结构包括现存域的层次结构、名称和寻址方案。域中的服务器角色包括主或备份域控制器、DHCP 服务器、DNS 服务器。信任关系包括信任关系的继承、单方和双方的信任关系。仅仅是层次还不足以形成构建解决方案的基础，还需要从物理上对这些逻辑关系进行实现。

3．物理设计

物理设计（Physical Design）是描述解决方案的物理组件、服务和技术实现的过程。物理设

计将客户的需求分隔成多个层面。物理设计必须准确地表明每一层面的物理组件的位置、具体实现的服务、使用哪些技术等，例如：

（1）物理通信链路的详细信息，如线缆长度、等级，配线的物理路径长度，模拟和综合业务数字网（Integrated Service Digital Network，ISDN）线。

（2）服务器，有计算机名、IP 地址（静态地址）、服务器角色和域成员的关系。一个服务器可以担当许多角色，包括域控制器、DHCP 服务器、DNS 服务器、WINS 服务器、打印服务器、路由器、应用或文件服务器。

（3）设备的位置，如打印机、集线器、交换机、调制解调器、路由器、网桥和网络上的代理服务器。

（4）广域网连接（如 ISDN 专线、Frame Relay 专线）和两站点间可用的带宽。带宽可以是一个近似值或是一个实际测量的容量值。

（5）文档固件版本、吞吐量等特殊的配置需求（如果为设备设置了静态 IP 地址，则需要将它们记录在文档中）。

步骤二：利用网络拓扑图进行设计

网络拓扑图是局域网设计组建过程中重要的组成部分，是构建网络基础结构的蓝图，如图 12-11 所示。

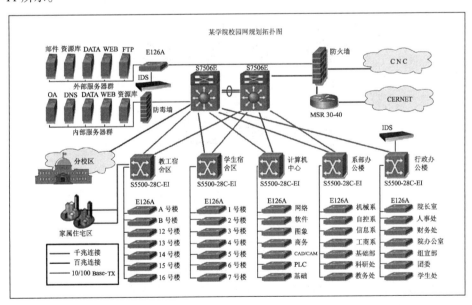

图 12-11　网络拓扑图

网络拓扑图包括如下信息：

（1）路由器。

（2）防火墙服务器角色，包括主或备份域控制器、DHCP 服务器或 WINS 服务器。

（3）核心交换设备。

（4）二层交换设备。

（5）服务器。

（6）物理通信链路。

（7）广域网连接。

步骤三：利用逻辑网络图进行设计

逻辑网络图表示网络体系结构，如图 12-12 所示。

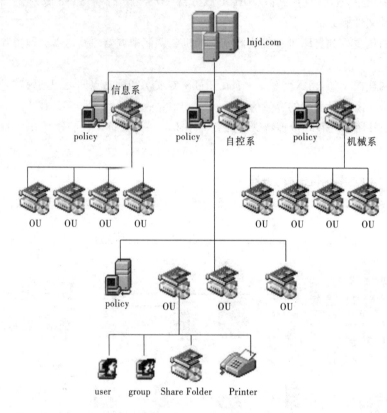

图 12-12   逻辑网络图

逻辑网络图包括如下信息：

（1）域体系结构，包括现存域的层次结构、名称和寻址方案。

（2）服务器角色，包括主或备份域控制器、DHCP 服务器或 WINS 服务器。

（3）信任关系，包括信任关系的继承、单方或双方的信任关系。

（4）名称解析服务。

（5）IP 寻址方法和服务配置。

（6）远程和拨号网络。

（7）文件服务器。

（8）打印服务器。

（9）Web 服务器等。

步骤四：IP 地址方案设计

任何 TCP/IP 网络中的主机都必须拥有一个 IP 地址，而且这些地址是唯一的。Internet 作为全球最大的 TCP/IP 网络，接入其中的所有主机必须有不相同的 IP 配置信息。如果主机需要连接到 Internet，至少必须分配一个"合法"的 IP 地址，这一 IP 地址常称为"公用地址"。

相对于"公用地址"来说，如果网络并不需要接入 Internet，而是一个独立的 TCP/IP 网络，所以也就不必拥有 Internet 上的 "公用地址"。可以根据需求，在自己的 TCP/IP 网络中设置 IP 地址，这些不接入 Internet 而经常使用的 IP 地址称为"私有地址"。

在使用私有地址时，应注意以下 3 点：

（1）大型网络使用 10.0.0.0～10.255.255.255 中的一个。

（2）中型网络使用 172.16.0.0～172.31.255.255（16 个 B 类网）中的一个。

（3）小型网络使用 192.168.0.0～192.168.255.255（255 个 C 类网）中的一个。

1. 子网规划

在 IP 地址规划时，常常会遇到这样的问题：一个企业或公司由于网络规模增加、网络冲突增加或吞吐性能下降等多种因素，需要对内部网络进行分段。而根据 IP 网络的特点，需要为不同的网段分配不同的网络号，于是当分段数量不断增加时，对 IP 地址资源的需求也随之增加。即使不考虑是否能申请到所需的 IP 资源，对大量具有不同网络号的网络进行管理也是一件非常复杂的事情，至少要将所有这些网络号对外网公布。更何况随着 Internet 规模的增大，32 位的 IP 地址空间已出现了严重的资源紧缺。

为了解决 IP 地址资源短缺的问题，同时也为了提高 IP 地址资源的利用率，引入了子网划分技术。

例如，某局域网网络，物理上分为 7 个网络，共有 250 台主机。那么，在设计方案中必须满足这一需求，当然，不可以把它设计为 7 个标准 C 类网，因为那样对于 IP 地址是极大的浪费，在实际的网络方案中，也不能如此申请 IP 地址。这里应该考虑子网划分这一方法。

一个 IP 路由网络规划要求考查每个子网中主机数目的关系。在一个交换式的环境中，可以通过 VLAN（虚拟局域网）来控制一个子网中的主机数目，但是，可能仍然希望控制逻辑组织在一起的主机数目。

2. 设计子网考虑的因素

（1）总体规划：首先确定网络中需要多少子网，而且必须同时考虑子网数目和每个子网中的主机数目。当规划一个 IP 网络和选择允许路由所需的子网掩码时，要考虑下述因素的限制：

① 存在的物理子网的数目。

② 可以创建的逻辑子网数目。

③ 物理和逻辑子网中的主机数目。

一个好的子网掩码设计不限制子网数目和每个子网中的主机数目的预期增长。需要调节子网掩码以便提供预期的主机数和网络增长。

（2）子网数目：确定一个 IP 路由网络中子网掩码的有效性，应该利用下述因素：

① 连接的子网：检查任何远程连接的网络设计。为了支持路由，每个远程连接必须有一个子网。

② 超负荷分段：估计任何新的或现有路由器支持的主机数目。为了确定任何单个位置所需的路由器数目，可以用所有主机数目除以优化条件下路由器支持的主机数目。

③ 将来的增长：检查子网掩码确定子网数目和每个子网的主机数目是否提供了增长。如果可能，设计多余的子网数，因为路由技术常常会限制每个子网的主机数。

（3）每个子网中的主机数目：在确定每个子网中的主机数目时，需要考虑如下因素：

① 网络设计说明书：创建网络设计说明书来满足所需的性能目标。分析带宽利用率、广播范围、路由配置、距离矢量延迟和应用数据流需求。

② 路由器性能：估计任何新的或现存的路由器支持的主机数目。利用在任何 LAN 中的所有主机数除以由路由器支持的子网数目来确定每个子网支持的最大主机数目。如果该数目超过了一个子网的主机容量，或者如果它限制了性能，就需要重新设计网络，以便增加子网数目。

③ 将来的增长：检查子网掩码，以便确定每个子网的主机数目是否满足目前的需求、性能展望和将来的增长。

3．手动分配

网络上的一些主机，例如特定功能服务器、路由器和 NAT 设备等，需要手动配置它们的地址、掩码和网关地址。

需要手动配置地址的设备如下：

（1）DHCP 服务器。

（2）DNS（Domain Name System，域名系统）服务器。

（3）WINS（Windows Internet Name Service，Windows Internet 名称服务）服务器。

（4）路由器。

（5）域控制器。

（6）不支持 DHCP 的非 Microsoft 主机。

4．子网划分实例

某公司申请了一个 C 类地址 200.200.200.0，公司有生产部门需要划分为单独的网络，也就是需要划分为两个子网，每个子网必须至少支持 40 台主机，两个子网用路由器相连，如何划分子网。

（1）决定子网掩码：有两个子网，$2^2-2 \geq 2$，为了预留可扩展性，只要从 IP 地址的第四个 8 位数中借出 2 位作为子网 ID 即可，从而可以确定掩码为 255.255.255.192，如图 12-13 所示。

（2）计算新的子网网络 ID：子网 ID 的位数确定后，子网掩码也就确定了，如图 12-14 所示，对于 255.255.255.192，可能的子网 ID 有 4 个：00、01、10、11。使用其中的 01 和 10，即 200.200.200.64 和 200.200.200.128 两个子网。

（3）每个子网有多少主机地址：用原来默认的主机地址减去两个子网位，剩下的就是主机位，共有 8-2=6 位，则每个子网最多可容纳 2^6-2 个主机，因为在子网内主机 ID 不能为全 "0" 或全 "1"。其中子网 1 的 IP 地址范围为 200.200.200.65～200.200.200.126；子网 2 的 IP 地址范围为 200.200.200.129～200.200.200.190；子网 1 的广播地址为 200.200.200.127，子网 2 的广播地址为 200.200.200.255。

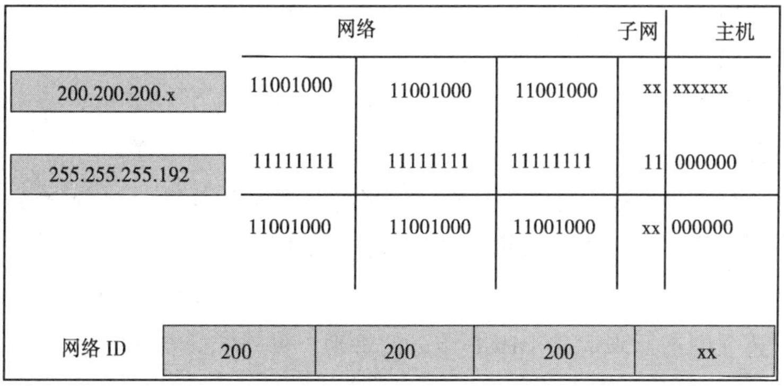

网络
子网
主机
200.200.200.x
11001000 11001000 11001000 xx xxxxxx
255.255.255.192
11111111 11111111 11111111 11 000000
11001000 11001000 11001000 xx 000000
网络 ID
200 200 200 xx

图 12-13 获得网络 ID

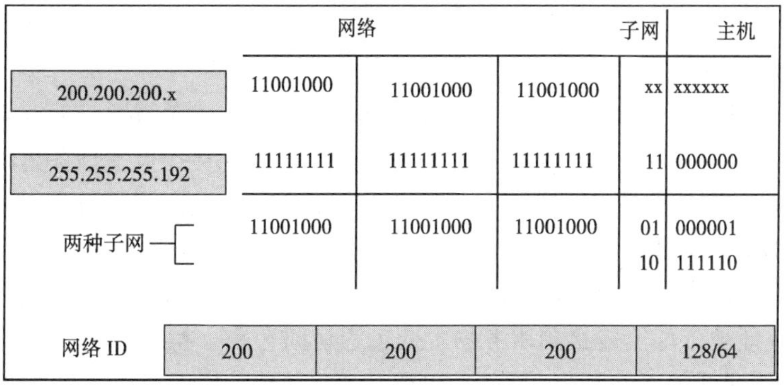

网络
子网
主机
200.200.200.x
11001000 11001000 11001000 xx xxxxxx
255.255.255.192
11111111 11111111 11111111 11 000000
两种子网
11001000 11001000 11001000 01 000001
10 111110
网络 ID
200 200 200 128/64

图 12-14 借两位产生了两个子网

图 12-15 所示是最终的网络拓扑图。

注意：因为同一网络中的所有主机必须使用相同的网络 ID，所以同一网络中所有主机的相同网络 ID 必须使用相同的子网掩码。例如，138.23.0.0/16 与 138.23.0.0/24 就是不同的网络 ID。网络 ID 138.23.0.0/16 表明有效主机 IP 地址范围是 138.23.0.1 ～ 138.23.255.254；网络 ID 138.23.0.0/24 表明有效主机 IP 地址范围是 138.23.0.1～138.23.0.254。显然，这些网络 ID 代表不同的 IP 地址范围。

200.200.200.129
200.200.200.190
市场
部门
200.200.200.128
R
200.200.200.64
生产
部门
200.200.200.65
200.200.200.126

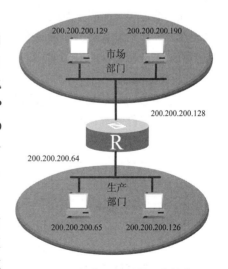

图 12-15 划分子网后的网络结构图

步骤五：DHCP 服务器设置

当规划一个 DHCP 基础结构时，考虑所服务的网络的拓扑结构非常重要。通过评估网络拓扑结构，能够确定 DHCP 服务器可能有高负荷的位置，也可以识别能导致 DHCP 服务中断的个别故障点。应该同时评估网络的物理布局图和每个物理位置上的用户数量。

1. 确定 DHCP 部署结构

当评估了网络拓扑结构之后，可以确定将使用的部署结构。部署结构有以下 3 种类型：

（1）集中式结构。

（2）分布式结构。

（3）混合式结构。

2．确定保留

在评估网络拓扑结构期间，可能已经确定了网络上需要专用 IP 地址的设备。这里可以确定 IP 地址保留的数量、它们所处的位置以及在什么设备上使用它们。

3．定义 DHCP 选项

可以从几个选项中选择来优化 DHCP 服务的管理。另外，需要确认销售商或用户类是否也有助于 IT 管理。定义 DHCP 选项时应该清楚如下问题：

（1）在这一作用域中，DHCP 客户机需要哪个 DHCP 选项？

（2）DHCP 客户机支持哪个 DHCP 选项？

4．确定集成问题

可以将 DHCP 与 DNS、WINS、Routing and Remote Access（路由和远程访问）以及 Active Directory（活动目录）集成。需要决定 DHCP 如何与其他的每一个互连服务集成为扩展服务的功能，并减少网络管理工作，DHCP 服务集成了其他 Windows 2003 网络服务。

1）路由和远程访问集成

路由和远程访问与 DHCP 的集成为远程访问服务器从 DHCP 获得 IP 地址的使用提供了可能，然后被占用的地址被分配给连接到服务器上的远程访问客户。初始化后，远程访问服务器与 DHCP 服务器取得联系并请求 IP 地址，DHCP 服务器将从地址栏中选择一个 IP 地址发布给客户使用。

如果给远程访问服务器配置 DHCP 中继代理程序，则所有的 DHCP 配置信息会提供给远程访问客户。如果没有给远程访问服务器配置 DHCP 中继代理程序，则远程访问客户接收到的只有 DHCP 服务器提供的 IP 地址和子网掩码。

2）DNS 集成

对于带有动态分配 IP 地址的客户，不能手动更新 DNS 内的客户名称信息。DHCP 和 DNS 的集成允许工作人员在 IP 地址被占用时，配置 DHCP 服务器去更新 DNS 内的客户记录。

DHCP 和 DNS 的集成允许非活动目录、旧版本的 Windows 客户和非 Microsoft DHCP 客户通过 DHCP 客户自动更新自己在 DNS 中的记录，但是如果需要为其他客户更新 DNS 数据库，则必须启用 DHCP 服务器完成更新操作。

3）活动目录集成

未被授权的 DHCP 服务器可能会向客户发布不正确的 IP 地址或选项信息，从而干扰网络运作。DHCP 服务和活动目录的集成允许 DHCP 服务器在活动内被授权。未被授权的以 Windows Server 2016 为基础的 DHCP 服务器将不能启动，这样就减少了扰乱网络上的 IP 地址使用的隐患。

注意：在活动目录中给 DHCP 服务器授权，只在以 Windows Server 2016 为基础的 DHCP 服务器中运行，必须在活动目录域控制器中或进行授权操作的服务器中至少安装一台 DHCP 服务器。

5．确定容错方法

因为 DHCP 是一个关键的网络服务，需要确保提供了一个容错解决方案。这一点尤其重要，因为 DHCP 内没有内置的容错方法。

步骤六：DNS 服务器设置

规划 DNS 服务器，包括确定服务器的数量和它们的位置，在实际的网络环境中，取决于是否实现活动目录和部门之间的连接速率。不仅需要确定服务器放置的位置，还需要确定服务器的数量和它们的系统配置。

1．DNS 服务器放置位置

一般情况下，应该把网络的 DNS 服务器放置在客户机最容易访问的地方。在每一个子网中放置一个 DNS 服务器是最实际的做法。当决策放置 DNS 服务器的位置时，应考虑如下因素：

（1）如果部署的 DNS 支持活动目录。确定这一 DNS 服务器是否也是一个域控制器，或者今后很可能提升为域控制器。

（2）如果 DNS 服务器终止响应，则确定它的本地客户机是否可以访问可替换它的另一个 DNS 服务器。

（3）如果 DNS 服务器位于一个对它的一些客户机来说是远程的子网上，则确定当路由式的连接终止响应时，有其他 DNS 服务器或者名称解析选项可用。

（4）当安装 DNS 服务器中使用活动目录出现问题时，应评估问题和安装细节。

2．需要的服务器数量

当确定所需要使用的 DNS 服务器数量时，需要考虑如下因素：

（1）区域传输（Zone Transfers）。

（2）DNS 数据流量。

必须首先考虑多台 DNS 服务器之间的区域传输，区域传输对慢速链路（例如两个远程路由网络之间的专线，或者拨号连接）的影响是至关重要的。尽管 DNS 服务支持 Incremental Zone Transfers（增量式的区域传输），而且 Windows Server 2016 DNS 客户机和服务器可以高速缓存最近使用过的名称，但区域传输产生的数据流量仍然是一个问题，尤其是当缩短 Dynamic Host Configuration Protocol（DHCP，动态主机配置协议）租约长度导致 DNS 中更频繁的动态更新时，处理慢速链路的远端将会导致带宽资源的不足，在这些地方创建一个仅提供高速缓存 DNS 服务的 DNS 服务器是必要的。

同时也必须考虑 DNS 查询产生的数据流量对所在网络的慢速链路的影响。虽然 DNS 可以降低本地子网之间的广播数据流，但是它在服务器和客户机之间也会产生一些数据流量。应该评估这些数据流量，尤其是在一个复杂的路由式的 LAN 或者 WAN 环境下实现 DNS 时。

大多数情况下，为了容错，至少要有两个服务器来驻留每个 DNS 区域。DNS 为每个区域都设计有两个服务器：一个 Primary Server（主服务器），另一个 Backup or Secondary Server（备份或者辅助服务器）。在确定所使用的服务器的数量之前，还应该估计所在网络需要怎样的容错性。

3．DNS 服务器系统配置

根据服务器容量的规划，可以在许多情况下为一个 DNS 服务器添加更多的 RAM，可能导致性能显著提高，这一性能提高是因为 DNS 服务器启动时将所有配置的区域全部加载到内存中。如果服务器正操作和负担大量的区域，而且针对区域客户机动态更新频繁发生，那么添加内存是有益的。

一般情况下，DNS 服务器以下述方式消耗系统的内存资源：

（1）当 DNS 服务器在没有任何区域的条件下启动时，使用大约 4 MB 的 RAM。

（2）对于添加到服务器上的每个区域或者资源记录，DNS 服务器消耗额外的服务器内存。

（3）据估计，添加到一个服务器区域的每一条记录大约使用 100 B 的服务器内存。例如，如果一个包含 1 000 条资源记录的区域添加到一个服务器上，将需要大约 100 KB 服务器内存。

可以通过查看 Windows Server 2016 DNS 开发和测试组收集的样本 DNS 服务器性能测试结果，开始确定服务器规划。另外，针对部署在网络中的运行 Windows Server 2016 的 DNS 服务器，可以利用 Windows Server 2016 监视工具提供 DNS 服务器相关的计数器来得到性能措施。

这些数值是一个估计值，并且受到一些因素的影响，比如，进入区域的资源记录的类型，具有相同拥有者名称的资源记录的数量，以及在特定 DNS 服务器上使用的区域的数量。

4．实例

如果 LAN 使用高速链路连接路由连接（例如光纤专线），则在大规模、多个子网的网络中使用一个 DNS 服务器。如果在单个子网中有大量的客户机结点，则可以为子网添加不止一个 DNS 服务器，以便当首选的 DNS 服务器终止响应时提供备份和故障转移。在一个单个子网环境下的小规模 LAN 中，当仅使用一个运行 Windows Server 2016 的服务器时，可以将这一服务器配置为同时模拟一个区域的主服务器和辅助服务器。

技 能 训 练

1．训练目的
（1）了解局域网常用网络设备。
（2）能够规划局域网。

2．训练环境
Windows Server 2016 系统的计算机。

3．训练内容
（1）设计局域网物理拓扑图。
（2）设计局域网逻辑拓扑图。
（3）规划 DHCP 服务器，设计详细 IP 地址分配方案。
（4）规划 DNS 服务器。

4．训练要求
实训分组进行，可以 2 人一组，小组讨论，确定方案后进行讲解，教师给予指导，全体学生参与评价。

5．实训总结
完成实训报告，总结项目实施中出现的问题。